StudyHelp

2. Auflage

www.studyhelp.de

Druck: Media Print Informationstechnologie GmbH

ISBN: 978-3-947506-02-6

Inhaltsverzeichnis

1 Grundlagen

1.1 Das Zufallsexperiment

Bei einem Zufallsexperiment (auch Zufallsversuch genannt) handelt es sich um einen Versuch, der unter bestimmten Bedingungen durchgeführt wird und einen zufälligen Ausgang besitzt. Eigenschaften eines Zufallsexperimentes sind:

- geplanter und kontrolliert ablaufender Zufallsvorgang
- wiederholbar unter gleichen Bedingungen
- mögliche Ergebnisse des Vorgangs stehen im Voraus fest
- das tatsächliche Ergebnis ist im Voraus nicht bekannt
- **Beispiele**: Werfen eines Würfels, Ziehung der Lottozahlen

1.2 Ergebnis, Ereignis und Ergebnisraum

Ein Elementarereignis ist ein einzelnes und sich gegenseitig ausschließendes mögliches Ergebnis ω eines Zufallsexperimentes. Wenn wir einen Würfel einmal werfen, gibt es nur folgende Möglichkeiten, wie der Würfel fallen kann:

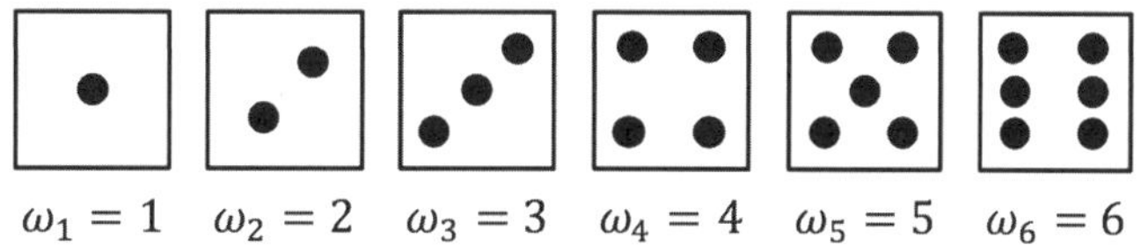

Die Menge aller möglichen Ergebnisse ω_i heißt Ergebnisraum Ω, wobei jedes Ergebnis genau einmal in Ω vorkommt. Für unser Beispiel mit dem einmaligen Werfen eines Würfels folgt für den Ergebnisraum:

$$\Omega = \{\omega_1, \omega_2, \omega_3, \omega_4, \omega_5, \omega_6\} = \{1, 2, 3, 4, 5, 6\}$$

Jede Zusammenfassung von einem oder mehreren Ergebnissen eines Zufallsexperimentes in einer Menge wird Ereignis genannt. Beispiele für Ereignisse:

- eine ungerade Zahl beim Drehen eines Glücksrades (1-9) - Lösung: $\{1, 3, 5, 7, 9\}$
- Werfen von zwei Würfeln, deren Augenzahlsumme 10 ist - Lösung: $\{(6; 4), (5; 5), (4; 6)\}$

Spezielle Ereignisse sind das sichere und das unmögliche Ereignis.

Sicheres Ereignis: Die Ergebnismenge Ω ist die Zusammenfassung aller möglichen Ergebnisse eines Zufallsexperimentes. Sie ist somit ebenfalls ein Ereignis. Da dieses Ereignis immer eintritt, nennt man dieses Ereignis auch sicheres Ereignis.

Beispiel: Beim Zufallsexperiment *Zweimaliges Werfen eines Würfels* ist das Ereignis *Summe der beiden Augenzahlen ist kleiner oder gleich 12* ein sicheres Ereignis!

Unmögliches Ereignis: Das unmögliche Ereignis ist ein Ereignis, das bei jeder Ausführung des Zufallsexperimentes niemals eintreten kann. Die Wahrscheinlichkeit für das Eintreten jedes unmöglichen Ereignisses ist also gleich Null!

Beispiel 1: Beim Zufallsexperiment *Zweimaliges Werfen eines Würfels* ist das Ergebnis *Summe der beiden Augenzahlen ist gleich Null* unmöglich.

Beispiel 2: Beim Würfeln eines normalen Würfels eine 7 würfeln.

1.3 Verknüpfungen von Ereignissen

Durch Verknüpfung von Ereignissen entstehen zusammengesetzte Ereignisse. Diese werden häufig anhand von Venn-Diagrammen veranschaulicht. Letztere bestehen aus einem Rechteck mit der Grundgesamtheit Ω, in dem die Ausgangsereignisse (Mengen A, B, ...) als Kreise oder Ellipsen dargestellt sind.

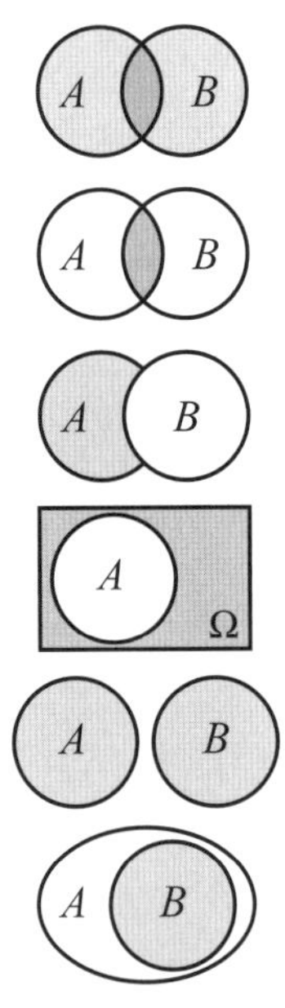

- Vereinigungsereignis: $A \cup B := \{x | x \in A \vee x \in B\}$
  A tritt ein oder B tritt ein.
- Durchschnittsereignis: $A \cap B := \{x | x \in A \wedge x \in B\}$
  A tritt ein und B tritt ein.
- Differenzereignis: $A \setminus B := \{x | x \in A \wedge x \notin B\}$
  A tritt ein, aber B tritt nicht ein.
- Komplementärereignis: $\bar{A} = \Omega \setminus A$
  A tritt nicht ein. (auch Gegenereignis genannt.)
- Disjunkte Ereignisse: $A \cap B := \varnothing$
  Zwei Ereignisse heißen disjunkt, wenn ihre Schnittmenge die leere Menge ist.
- Teilmenge: $B \subset A$ (B ist Teilmenge von A)

1.4 Der Wahrscheinlichkeitsbegriff

Den einzelnen Elementen eines Ereignisraumes lassen sich Wahrscheinlichkeiten zuordnen. Die Wahrscheinlichkeit P eines Ereignisses A wird mit $P(A)$ bezeichnet. Bei einem Zufallsexperiment kann man zwar nicht voraussagen, welches Ereignis eintritt, man hält jedoch oft das Eintreten einiger Ereignisse für mehr, andere für weniger wahrscheinlich.

Eigenschaften:

1. $0 \leq P(A) \leq 1$
2. $P(\Omega) = 1$ (Normierung) und $P(\{\}) = 0$
3. $P(A \cup B) = P(A) + P(B) - P(A \cap B)$ (Additionssatz)
4. $P(\overline{A}) = 1 - P(A)$ (Gegenwahrscheinlichkeit)

Die Wahrscheinlichkeit ordnet jedem Ereignis eine nicht-negative Zahl zu. Weitere nützliche Zusammenhänge:

$$P(A \cup B \cup C) = P(A) + P(B) + P(C) - P(A \cap B) - P(B \cap C) - P(A \cap C) + P(A \cap B \cap C)$$

$P(A \backslash B) = P(A) - P(A \cap B)$ (Wahrscheinlichkeit der Differenzmenge)

1.5 Wahrscheinlichkeit nach Laplace

Um Wahrscheinlichkeiten berechnen zu können, benötigt man Zusatzinformationen über das jeweilige Zufallsexperiment. Eine Zusatzinformation kann z.B. darin bestehen, dass man weiß, dass die Ergebnismenge endlich (oder auch abzählbar) ist und die Wahrscheinlichkeiten für die n Elementarereignisse alle gleich groß sind. Ein Zufallsexperiment mit diesen Eigenschaften heißt Laplace-Experiment. Bei einem Laplace-Experiment lässt sich die Wahrscheinlichkeit für ein Ereignis A als Quotient aus der Anzahl der für A günstigen Fälle und der Anzahl aller möglichen Ergebnisse des Zufallsexperiments errechnen:

$$P(A) = \frac{\text{Anzahl der Elementareignisse, bei denen } A \text{ eintritt}}{\text{Anzahl aller überhaupt möglichen Elementareignisse}}$$

Beispiele

1. Wie hoch ist beim zweimaligen Würfeln die Wahrscheinlichkeit, dass die Augensumme 7 beträgt?

Wie wir bereits wissen, müssen wir zunächst alle möglichen Ereignisse (Elementarereignisse) auflisten. Die Elementareignisse lauten zusammengefasst in unserem Ereignisraum:

$$\begin{aligned}\Omega = \{&(1,1),(1,2),(1,3),(1,4),(1,5),(1,6),(2,1),(2,2),(2,3),(2,4),(2,5),(2,6),\\&(3,1),(3,2),(3,3),(3,4),(3,5),(3,6),(4,1),(4,2),(4,3),(4,4),(4,5),(4,6),\\&(5,1),(5,2),(5,3),(5,4),(5,5),(5,6),(6,1),(6,2),(6,3),(6,4),(6,5),(6,6)\}\end{aligned}$$

Es gibt also generell 36 Möglichkeiten, wie die Würfel bei zweimaligem Werfen fallen können. Als Nächstes markieren wir uns die Ereignisse, die für uns von Interesse sind:

$$A = \{(1,6),(2,5),(3,4),(4,3),(5,2),(6,1)\}$$

Demnach sind sechs günstige Ereignisse für uns von Interesse! Merke: Das für uns günstige Ereignis A muss eine Teilmenge aller möglichen Ereignisse sein, kurz: $A \subset \Omega$. Wenn wir jetzt noch die Anzahl der günstigen Ereignisse durch die Anzahl der möglichen teilen, erhalten wir die gesuchte Wahrscheinlichkeit:

$$P(A) = \frac{6}{36} = \frac{1}{6}$$

2. Ereignis, dass bei einmaligem Würfeln eine sechs auftritt.
   - $\Omega = \{1,2,3,4,5,6\}$ (mögliche Ereignisse)
   - Ereignis: $A = \{6\}$
   - Wahrscheinlichkeit: $P(A) = \frac{1}{6}$
3. Ereignis, dass bei einmaligem Würfeln nur gerade Zahlen erscheinen.
   - $\Omega = \{1,2,3,4,5,6\}$
   - Ereignis: $A = \{2,4,6\}$
   - Wahrscheinlichkeit: $P(A) = \frac{3}{6} = \frac{1}{2}$
4. Ereignis, dass bei einmaligem Würfeln nur eine zwei oder eine vier gewürfelt wird.
   - $\Omega = \{1,2,3,4,5,6\}$
   - Ereignis: $A = \{2,4\}$
   - Wahrscheinlichkeit: $P(A) = \frac{2}{6} = \frac{1}{3}$

2 Baumdiagramme

Baumdiagramme können durch eine kleine Erweiterung sehr geschickt zur Berechnung von Wahrscheinlichkeiten von Ereignissen mehrstufiger Zufallsexperimente benutzt werden.

Dazu werden an den Zweigen die jeweiligen Wahrscheinlichkeiten eingetragen, mit denen das zum Zweig gehörige Ereignis des Zufallsexperimentes eintritt. Diese Wahrscheinlichkeiten nennt man kurz Zweigwahrscheinlichkeiten. Ein Baumdiagramm, das Zweigwahrscheinlichkeiten enthält, nennt man auch kurz Wahrscheinlichkeitsbaum. Üblicherweise gibt man alle Zweigwahrscheinlichkeiten entweder komplett als Brüche oder Dezimalzahlen an.

2.1 Mit oder ohne Zurücklegen?

Grundlegend ist aus der Aufgabenstellung zu entnehmen, ob es sich bei dem Zufallsexperiment um ein Experiment mit oder ohne Zurücklegen handelt. Machen wir uns anhand eines Beispiels deutlich wo der Unterschied zwischen beiden Experimenten liegt.

2.1.1 Zufallsexperiment „mit Zurücklegen"

In einer Urne befinden sich 60 rote Kugeln (R) und 40 blaue Kugeln (B). Wir ziehen zwei Kugeln mit Zurücklegen. Wie wir bereits wissen, können wir hier die Laplace-Wahrscheinlichkeit berechnen und erhalten die folgenden Wahrscheinlichkeiten:

$$P(R) = \frac{60}{100} = 0,6$$
$$P(B) = \frac{40}{100} = 0,4$$

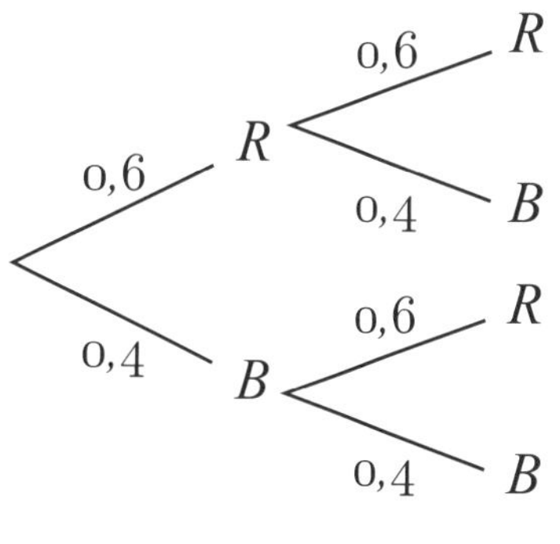

Erste Ziehung:
Im Baumdiagramm sehen wir die Wahrscheinlichkeiten im ersten Zug eine rote oder eine blaue Kugel zu ziehen. Addiert man die Wahrscheinlichkeiten für beide Ereignisse, so erhält man als Summe eins: $P(\Omega) = 1$.

Zweite Ziehung:
Beim zweiten Zug hat man wieder die gleiche Chance eine rote oder eine blaue Kugel zu ziehen, da die Kugeln wieder zurücklegt werden. Dementsprechend ist festzuhalten, dass beim Ziehen mit Zurücklegen bei jedem Zug die gleichen Eintrittswahrscheinlichkeiten vorliegen (Laplace-Wahrscheinlichkeit). Auch hier müssen die einzelnen Ereignisse an jedem Knoten die Summe 1 betragen.

2.1.2 Zufallsexperiment „ohne Zurücklegen"

In einer Urne befinden sich 60 rote Kugeln (R) und 40 blaue Kugeln (B). Wir ziehen zwei Kugeln ohne Zurücklegen. Wie wir bereits wissen, können wir hier die Laplace-Wahrscheinlichkeit berechnen und erhalten die folgenden Wahrscheinlichkeiten für den ersten Zug:

$$P(R) = 0,6 = \frac{60}{100}$$
$$P(B) = 0,4 = \frac{40}{100}$$

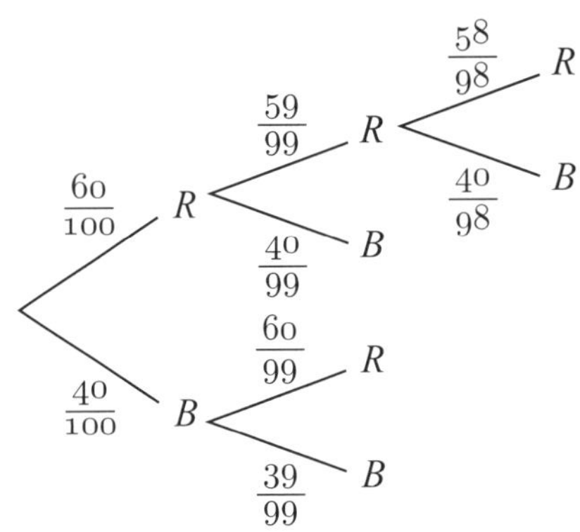

Erste Ziehung:
Im Baumdiagramm sehen wir die Wahrscheinlichkeiten im ersten Zug eine rote oder eine blaue Kugel zu ziehen. Addiert man die Wahrscheinlichkeiten für beide Ereignisse, so erhält man als Summe eins: $P(\Omega) = 1$.

Zweite Ziehung:
Im Gegensatz zum *Ziehen mit Zurücklegen* ändern sich die Wahrscheinlichkeiten beim *Ziehen ohne Zurücklegen* im zweiten Zug. Zieht man beispielsweise im ersten Zug eine rote Kugel, so hat man im zweiten Zug eine geringere Wahrscheinlichkeit eine rote Kugel zu ziehen. Warum? Weil sich die Anzahl der günstigen und der möglichen Ereignisse (eine Rote Kugel weniger) um 1 verringert. Es befinden sich also nur noch 59 rote und insgesamt 99 Kugeln in der Urne. Die Wahrscheinlichkeit im zweiten Zug eine rote Kugel zu ziehen, ändert sich von 60/100 auf 59/99.

Merke: Bei Zufallsexperimenten ohne Zurücklegen ist es sinnvoller Brüche statt Dezimalzahlen für die Wahrscheinlichkeiten zu verwenden.

2.2 Wahrscheinlichkeit mit Pfadregel

Um die Wahrscheinlichkeit eines Ergebnisses zu erhalten, multipliziert man die Wahrscheinlichkeit entlang des Pfades, der dieses Ergebnis beschreibt. Wichtig: Die Pfadregel gilt bei jedem mehrstufigen Zufallsexperiment, gleichgültig, ob mit oder ohne Zurücklegen.

Zur Ermittlung einer Wahrscheinlichkeit

- zeichnet man ein Baumdiagramm und
- wendet die Pfadregel an!

Ist die Wahrscheinlichkeit eines Ereignisses gesucht,

- genügt es, nur die Pfade zu zeichnen, die zu diesem Ereignis gehören,
- die Pfadregel anzuwenden und
- die Wahrscheinlichkeiten dieser Pfade zu addieren (Summenregel).

1. Pfadregel (Produktregel):

Die Wahrscheinlichkeiten eines einzelnen Ergebnisses ist das Produkt der Wahrscheinlichkeiten entlang des Pfades, der zu diesem Ergebnis führt.

2. Pfadregel (Summenregel):

Die Wahrscheinlichkeit eines Ereignisses ist die Summe der Wahrscheinlichkeiten der Pfade, die zu diesem Ereignis gehören.

Machen wir uns die Pfadregeln anhand des bekannten Beispiels klar:

In einer Urne befinden sich 60 rote Kugeln und 40 blaue Kugeln. Wir ziehen zwei Kugeln mit Zurücklegen. Es liegt somit ein Laplace-Experiment vor, bei dem die Wahrscheinlichkeiten für ein Ereignis immer gleich sind. Die Wahrscheinlichkeiten sowie das Baumdiagramm lauten:

$$P(R) = \frac{60}{100} \text{ und } P(B) = \frac{40}{100}$$

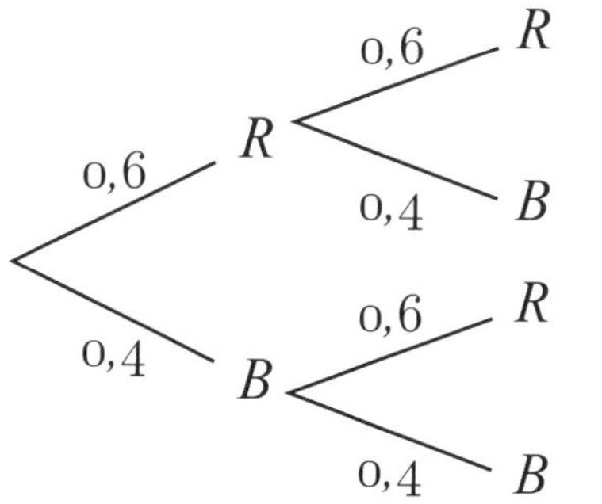

1. Gesucht sei die Wahrscheinlichkeit für zwei rote Kugeln.

Für die gesuchte Wahrscheinlichkeit, müssen wir die Wahrscheinlichkeiten mit der Pfadregel entlang des Pfades multiplizieren. Die Wahrscheinlichkeit zwei rote Kugeln hintereinander zu ziehen beträgt:

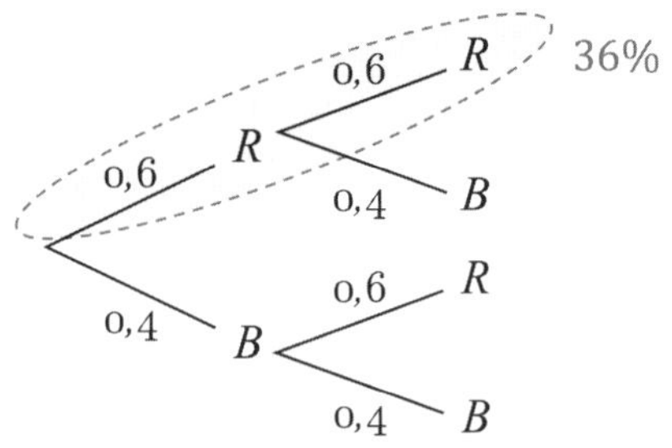

$$P(R,R) = P(R) \cdot P(R) = 0,6 \cdot 0,6 = 0,36 = 36\%$$

2. Gesucht sei die Wahrscheinlichkeit für eine blaue und eine rote Kugel.

Für die gesuchte Wahrscheinlichkeit müssen wir die Wahrscheinlichkeiten für eine rote und blaue sowie für eine blaue und rote Kugel mit der Pfadregel bestimmen. Warum? Weil die Reihenfolge der Ziehung egal ist. Es geht darum insgesamt eine blaue und eine rote Kugel zu ziehen.

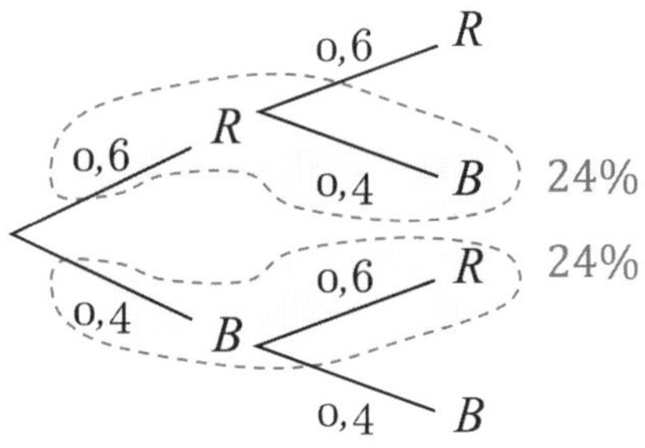

Die gesamte Wahrscheinlichkeit, eine rote und blaue Kugel zu ziehen, wird dann mit der Summenregel bestimmt. Die Wahrscheinlichkeit eine rote und eine blaue Kugel zu ziehen beträgt:

$$\begin{aligned} P(R,B) + P(B,R) &= 0,6 \cdot 0,4 + 0,4 \cdot 0,6 \\ &= 0,24 + 0,24 = 0,48 = 48\% \end{aligned}$$

3 Kombinatorik

Erinnern wir uns an dieser Stelle an den Quotienten der Laplace -Wahrscheinlichkeit:

$$P(A) = \frac{\text{Anzahl der günstigen Ergebnisse}}{\text{Anzahl der möglichen Ergebnisse}}$$

Bei der Bestimmung dieses Quotienten bedient man sich der Kombinatorik. Dort veranschaulicht man Ergebnisse für Zufallsexperimente mit endlicher Ergebnismenge häufig anhand des Urnenmodells - gedanklich ein Gefäß mit n durchnummerierten Kugeln, von denen k zufällig ausgewählt werden. Die Auswahl der Kugeln ist als Ziehung einer Zufallsstichprobe des Umfangs k aus einer Grundgesamtheit mit n Elementen zu interpretieren. Wenn jede denkbare Stichprobe des Umfangs k mit gleicher Wahrscheinlichkeit realisiert wird, liegt eine einfache Zufallsstichprobe vor.

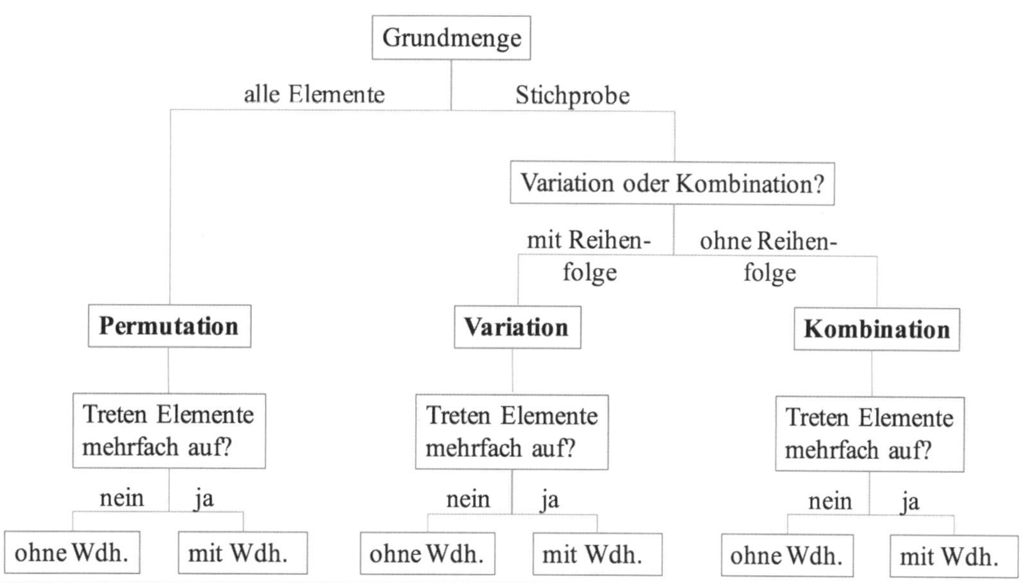

Formeln:						
	$n!$	$\frac{k!}{m_1! \cdot m_2! \cdot \ldots \cdot m_n!}$	$\frac{n!}{(n-k)!}$	n^k	$\binom{n}{k}$	$\binom{n+k-1}{k}$

Wie viele Möglichkeiten der Auswahl der n Elemente es gibt, hängt davon ab, ob die Elemente der Stichprobe nach der Ziehung jeweils wieder zurückgelegt werden oder nicht (Urnenmodell bzw. Stichprobenziehung mit/ohne Zurücklegen). Die Anzahl der Möglichkeiten hängt auch davon ab, in welcher Reihenfolge die n nummerierten Kugeln gezogen werden (Stichprobenziehung mit/ohne Berücksichtigung der Anordnung). Formeln für die Berechnung der Anzahl der Möglichkeiten der Ziehung einer

Stichprobe des Umfangs k aus einer Grundgesamtheit mit n Elementen in allen 6 Fällen sind obiger Übersicht zusammenfassend dargestellt.

Der Binomialkoeffizient ist definiert durch:

$$\binom{n}{k} = \frac{n!}{(n-k)! \cdot k!}$$

Besondere Fälle: $\binom{n}{0} = 1$ und $\binom{k}{1} = k$ sowie $\binom{n}{n} = 1$.

Die Fakultät $k! = 1 \cdot 2 \cdot 3 \cdot ... \cdot k$ ist das Produkt aus allen natürlichen Zahlen von 1 bis k. Weiterhin solltet ihr wissen, dass $0! = 1$ ist.

Welche Formel brauche ich?

1. Entscheide, ob alle Elemente betrachtet werden oder nur eine Stichprobe.
2. Entscheide, ob die Reihenfolge/Anordnung wichtig ist.
3. Entscheide, ob eine Wiederholung der Elemente möglich ist .
4. Formel auswählen.
5. Wähle n und k.

   Merke: k ist immer etwas, von dem wir die Möglichkeiten/Wahrscheinlichkeit wissen möchten und n sind immer die Elemente, die wir zur Verfügung haben.

Beispiele

1. Peter hat ein Zahlenschloss mit vier Zahlen zwischen 0 und 9. Er hat bei den ganzen Abiparties seinen Code vergessen. Er fragt sich nun, wie viele Möglichkeiten er hat, um sein Schloss wieder zu öffnen.

Hierfür arbeiten wir das obige Vorgehen ab:

1. Stichprobe, da Ziffern von $[0-9]$ zur Verfügung stehen, aber nur vier Ziffern genutzt werden.
2. Die Reihenfolge beim Zahlenschloss ist wichtig, da $[1,2,3,4]$ eine andere Variation des Codes ist als $[1,3,2,4]$.
3. Eine Wiederholung der Elemente bei einem Zahlenschloss ist möglich $[2,2,1,4]$.
4. Formel auswählen: n^k

5. Wähle n und k: In diesem Beispiel sind die Ziffern $[0-9]$ die Elemente, die wir zur Verfügung haben und entnehmen aus dieser Grundgesamtheit vier Elemente, die uns interessieren.

$$10^4 = 10000 \text{ Möglichkeiten}$$

2. Beim Osterlauf in Paderborn nehmen 10 Rennläufer teil. Wie viele Möglichkeiten gibt es für Gold, Silber und Bronze?

Hierfür arbeiten wir auch wieder das obige Vorgehen ab:

1. Stichprobe, da nur die ersten drei Plätze von Interesse sind, es aber zehn Rennläufer gibt.
2. Die Reihenfolge/Anordnung ist wichtig, da Gold, Silber und Bronze von Interesse ist.
3. Eine Wiederholung ist nicht möglich, da der Rennläufer der Gold gewonnen hat, nicht gleichzeitig auch Silber gewinnen kann.
4. Formel auswählen: $\frac{n!}{(n-k)!}$
5. Wähle n und k: In diesem Beispiel sind die zehn Rennläufer die Grundgesamtheit ($n = 10$), die zur Verfügung steht. Von Interesse sind hier die ersten drei Plätze ($k = 3$).

$$\frac{10!}{(10-3)!} = \frac{10!}{7!} = \frac{1 \cdot 2 \cdot 3 \cdot 4 \cdot 5 \cdot 6 \cdot 7 \cdot 8 \cdot 9 \cdot 10}{1 \cdot 2 \cdot 3 \cdot 4 \cdot 5 \cdot 6 \cdot 7} = 10 \cdot 9 \cdot 8 = 720 \text{ Möglichkeiten}$$

3. Wie viele Möglichkeiten gibt es, fünf verschiedene Stochastik-Bücher in ein Regal nebeneinander zu stellen?

Hierfür arbeiten wir auch wieder das obige Vorgehen ab:

1. In diesem Beispiel werden alle Elemente in der Aufgabenstellung betrachtet und nicht etwa eine Stichprobe von drei Büchern erfragt.
2. Wenn man Elemente betrachtet, dann verwendet man die Permutation, die immer geordnet ist.
3. Es ist keine Wiederholung möglich, da die Stochastik-Bücher verschiedenartig sind, somit jedes Element nur einmal existiert. (Signalwort: „verschiedene“).
4. Formel auswählen: $n!$
5. Wähle n: Zu wählen sind alle Elemente in der Aufgabenstellung.

$$5! = 5 \cdot 4 \cdot 3 \cdot 2 \cdot 1 = 120 \text{ Möglichkeiten}$$

Notizen

StudyHelp

4 Bedingte Wahrscheinlichkeit und Unabhängigkeit

Bei der Berechnung von Wahrscheinlichkeiten bei Laplace-Experimenten kann man manchmal eine gegebene Zusatzinformation B nutzen. Die mit der Vorinformation B berechnete Wahrscheinlichkeit wird bedingte Wahrscheinlichkeit von A unter der Bedingung B genannt und mit $P(A|B)$ (oft auch $P_B(A)$) abgekürzt.

$$P(A|B) = \frac{P(A \cap B)}{P(B)}, \quad P(B) > 0$$

Betrachten wir die Formel etwas genauer und machen uns klar, was diese beinhaltet:

$$P(\text{Was suchen wir} \mid \text{Was wissen wir bzw. was ist schon eingetreten}).$$

In der Aufgabenstellung wird die Bedingung, also das was wir bereits wissen, meist klar durch „unter der Bedingung“, „wenn“, „obgleich“ etc. angegeben.

Analog lässt sich die bedingte Wahrscheinlichkeit $P(B|A)$ gemäß

$$P(B|A) = \frac{P(A \cap B)}{P(A)}$$

errechnen. Wichtig: Nutze zur Vereinfachung eine Vierfeldertafel um die Wahrscheinlichkeiten zu bestimmen.

4.1 Vierfeldertafel

Eine Vierfeldertafel eignet sich zur Bestimmung von Wahrscheinlichkeiten der Verknüpfungen zweier Ereignisse A und B. Rechts sehen wir eine allgemeine Vierfeldertafel.

	A	$\bar{A}$	Σ
B	$P(A \cap B)$	$P(\bar{A} \cap B)$	$P(B)$
$\bar{B}$	$P(A \cap \bar{B})$	$P(\bar{A} \cap \bar{B})$	$P(\bar{B})$
Σ	$P(A)$	$P(\bar{A})$	1

Hinweis: In den Feldern können auch absolute Häufigkeiten stehen.

4.2 Satz von Bayes

Zwischen den bedingten Wahrscheinlichkeiten $P(A|B)$ und $P(B|A)$ besteht die auch als *Satz von Bayes* bezeichnete Beziehung:

$$P(A|B) = \frac{P(B|A) \cdot P(A)}{P(B)} = \frac{P(B|A) \cdot P(A)}{P(A) \cdot P(B|A) + P(\bar{A}) \cdot P(B|\bar{A})}$$

Der Satz von Bayes wird verwendet, wenn man das Ergebnis schon kennt und die Wahrscheinlichkeiten für eine mögliche Ursache herausfinden möchte. Wenn man die Gleichung näher betrachtet, sollte uns $P(A|B) = P(\text{Was suchen wir} \mid \text{Was wissen wir})$ bekannt vorkommen. Ferner steht im Nenner der Satz der totalen Wahrscheinlichkeit, welcher die Summe der möglichen Ausgänge darstellt.

4.3 Stochastische Unabhängigkeit

Zwei zufällige Ereignisse A und B werden als unabhängig oder auch als stochastisch unabhängig bezeichnet, wenn das Eintreten eines Ereignisses keinen Einfluss auf das andere Ereignis hat.

Zwei Ereignisse A, B mit $P(A) > 0$ und $P(B) > 0$ heißen unabhängig, wenn eine der folgenden äquivalenten Bedingungen gilt:

$$P(A \cap B) = P(A) \cdot P(B)$$

Wichtig: Die Unabhängigkeit darf nicht verwechselt werden mit der Unvereinbarkeit zweier Ereignisse:

1. Unabhängigkeit: $P(A \cap B) = P(A) \cdot P(B)$
2. Unvereinbarkeit: $A \cap B = \{\}$

Beispiel

In einer Schule werden neben dem Unterricht ein Förderkurs und eine AG angeboten. 70% der Schüler besuchen keinen Förderkurs und 40% der Schüler keine AG. 25% der Schüler nehmen weder an dem Förderkurs noch an der AG teil.

	F	$\overline{F}$	$\sum$
AG	0,15	0,45	0,6
$\overline{AG}$	0,15	0,25	0,4
$\sum$	0,3	0,7	1

Alle Informationen des Aufgabentextes haben wir zunächst übersichtlich in eine Vierfeldertafel geschrieben. Das ist der erste Schritt, den ihr machen solltet, wenn es um bedingte Wahrscheinlichkeiten geht.

Wie groß ist die Wahrscheinlichkeit, dass

1. ein Schüler den Förderkurs nicht wählt, unter der Bedingung, dass er auch keine AG besucht?

   Aus der Aufgabenstellung müssen wir die Bedingung identifizieren, in dem man auf die Signalwörter („unter der Bedingung", „wenn", „obgleich") achtet. Mit der Kenntnis, welches Ereignis bereits eingetreten ist, folgt:

   $$P(\text{Was suchen wir}|\text{Was wissen wir}) = P(\overline{F}|\overline{AG})$$

   Im nächsten Schritt berechnen wir mit der Formel der bedingten Wahrscheinlichkeit die gesuchte Wahrscheinlichkeit.

   $$P(\overline{F}|\overline{AG}) = \frac{P(\overline{F} \cap \overline{AG})}{P(\overline{AG})} = \frac{0,25}{0,4} = 0,625$$

2. ein Schüler die AG nicht wählt, unter der Bedingung, dass er auch keinen Förderkurs besucht?

   $$P(\overline{AG}|\overline{F}) = \frac{P(\overline{AG} \cap \overline{F})}{P(\overline{F})} = \frac{0,25}{0,7} = 0,3571$$

3. ein Schüler die AG wählt, unter der Bedingung, dass er schon den Förderkurs gewählt hat?

   $$P(AG|F) = \frac{P(AG \cap F)}{P(F)} = \frac{0,15}{0,3} = 0,5$$

4. Sind die Ereignisse unabhängig?

   Wir verwenden die Formel $P(A \cap B) = P(A) \cdot P(B)$ und setzen die für uns passenden Ereginisse ein. Es folgt:

   $$\begin{aligned} P(F \cap AG) &= P(F) \cdot P(AG) \\ 0,15 &= 0,3 \cdot 0,6 \\ 0,15 &\neq 0,18 \end{aligned}$$

   In dem Beispiel sind die beiden Ereignisse voneinander abhängig, also nicht stochastisch unabhängig. Demnach wählt ein Schüler den Förderkurs (Förderkurs nicht) abhängig davon ob er die AG (AG nicht) wählt.

Notizen

5 Spezielle diskrete Verteilungen

5.1 Zufallsvariablen und Verteilungen

Eine Zufallsvariable (X) ist eine Funktion, die den Ergebnissen eines Zufallsexperimentes reelle Zahlen zuordnet:

$$X : \Omega \to \mathbb{R}, \quad X : \omega \to X(\omega) = x$$

Beispiele

1. Zweimaliges Würfeln mit der Zufallsvariable „$X=$ Augensumme“

e_i	$(1\|1)$	$(1\|2)$	$(2\|1)$	$(2\|2)$	...	$(6\|6)$
$X(e_i) = x_i$	2	3	3	4	...	12

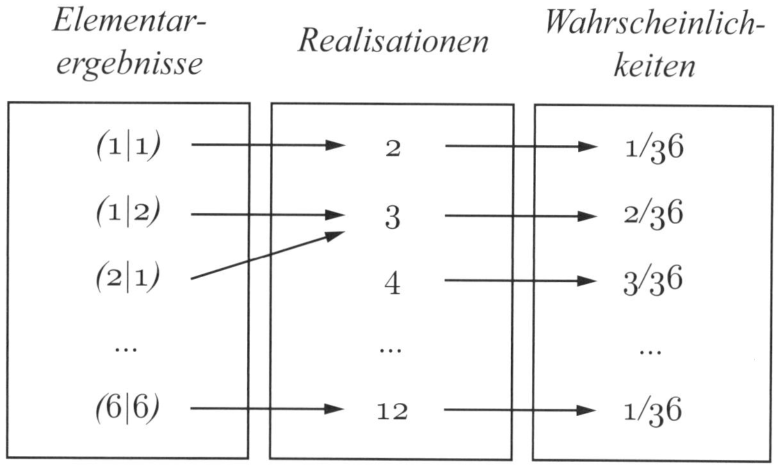

2. Eine Münze wird 2 mal geworfen mit der Zufallsvariable „$X=$ Anzahl der Zahl-Würfe“

Was für Möglichkeiten gibt es? Wie sieht der Ergebnisraum aus? Wenn wir das wissen, können wir folgende Tabelle erstellen:

e_i	$(K\|K)$	$(Z\|K), (K\|Z)$	$(Z\|Z)$
$X(e_i) = x_i$	0	1	2
$P(x_i)$	1/4	1/2	1/4

5.2 Diskrete Zufallsvariablen

Eine Zufallsvariable heißt diskret, wenn es endlich oder abzählbar unendlich viele Werte X_1, X_2, X_3, ..., X_n annehmen kann.

Eine Zufallsvariable (X), die nur endlich oder abzählbar unendlich viele Werte annimmt, ist immer diskret.

Beispiele: Augenzahl beim Würfeln, Münzwurf

5.3 Träger einer diskreten Zufallsvariablen

- Der Träger T_X einer diskreten ZV X ist die Menge aller Werte, die X mit positiver Wahrscheinlichkeit annimmt.
- Meist ist der Träger einer diskreten Zufallsvariablen eine Teilmenge der natürlichen Zahlen $(1, 2, 3, \ldots, n)$.
- Den Träger T_X kann man auch als Ereignisraum verstehen.
- Wichtig: Es müssen zunächst immer alle Träger der Zufallsvariablen ermittelt werden um dann die Wahrscheinlichkeit zu bestimmen.
- Beispiele:
  - Augenzahl beim einmaligen Würfeln (Ereignisraum $\Omega = \{1, 2, 3, 4, 5, 6\}$) .
  - Anzahl von der Ziehung eines normalen Kartenspiels ohne Zurücklegen, bis die Karo 7 gezogen wird ($\Omega = \{1, 2, 3, \ldots, 32\}$).

5.4 Wahrscheinlichkeitsfunktion einer diskreten Zufallsvariablen

Eine Wahrscheinlichkeitsverteilung gibt an, wie sich die Wahrscheinlichkeiten auf die möglichen Werte einer Zufallsvariablen verteilen und ist nur für diskrete Zufallsvariablen definiert. Definition:

$$f : \mathbb{R} \to [0; 1], \quad f : x \to f(x) = P(X = x) = p$$

$P(X = x)$ gibt die Wahrscheinlichkeit an, dass die ZV X den Wert x annimmt. Mag auf den ersten Blick kompliziert sein, aber wir betrachten dafür mal ein kleines Beispiel:

Es wird ein normaler Würfel geworfen. Wie bereits beschrieben müssen erst die

Träger der Zufallsvariablen bestimmt werden, welche auch als Ereignisraum verstanden werden können. Der Ereignisraum lautet also

$$\Omega = \{1, 2, 3, 4, 5, 6\}.$$

Danach werden die Wahrscheinlichkeiten, analog zu den bisherigen Wahrscheinlichkeiten, mit Hilfe der Laplace-Wahrscheinlichkeit berechnet.

X_i	n_i	p_i
1	1	1/6
2	1	1/6
3	1	1/6
4	1	1/6
5	1	1/6
6	1	1/6
$\sum$	6	1

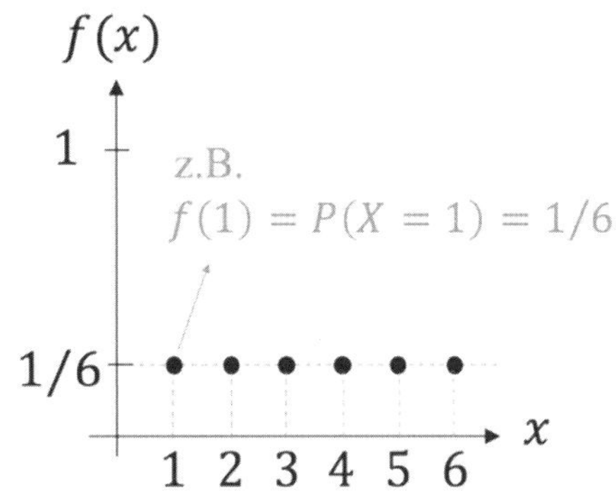

5.5 Verteilungsfunktion einer diskreten Zufallsvariablen

Die Verteilungsfunktion ist ein Hilfsmittel zur Beschreibung einer diskreten (oder stetigen) Wahrscheinlichkeitsverteilung. Eine Funktion F, die jedem x einer Zufallsvariablen X genau eine Wahrscheinlichkeit $P(X \leq x)$ zuordnet, heißt Verteilungsfunktion.

$$F : \mathbb{R} \to [0, 1], \quad F : x \to F(x) = P(X \leq x)$$

Ahja, und was bedeutet das? Interpretation:

Die Verteilungsfunktion misst die Wahrscheinlichkeit, dass die Zufallsvariable X höchstens den Wert x annimmt: $F(X) = P(X \leq x) =$ „Wahrscheinlichkeit das X weniger oder gleich einen bestimmten Wert x hat.“

Eigenschaften:

- Die Verteilungsfunktion einer diskreten Zufallsvariablen ist eine Treppenfunktion.
- $F(x)$ ist für jedes x definiert und nimmt Werte von 0 bis 1 an.
- Wird bei Hypothesentests verwendet! Signalwort: *Höchstens.*

Merke:

$P(X \geq x) = 1 - P(X < x) = 1 - P(X \leq x - 1)$ und $P(X > x) = 1 - P(X \leq x)$

Beispiel: Eine Münze wird zwei mal geworfen mit der Zufallsvariable $X=$ Anzahl der „Zahl-Würfe“!

e_i	$(K\|K)$	$(Z\|K),(K\|Z)$	$(Z\|Z)$
$X(e_i) = x_i$	0	1	2
$P(x_i)$	1/4	1/2	1/4
$F(X)$	0,25	0,75	1

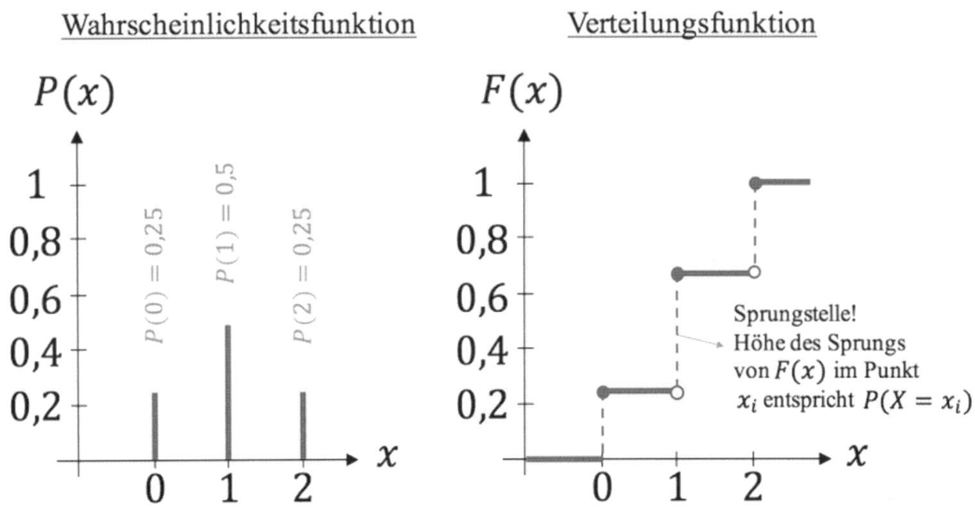

1. Wie hoch ist die Wahrscheinlichkeit, dass bei dem obigen Zufallsexperiment mindestens einmal „Zahl“ geworfen wird?

Grundlegend drücken wir den Operator mindestens als $\geq$ aus und schreiben aus der Aufgabenstellung heraus, was gesucht ist. Daraus folgt:

$$P(X \geq 1)$$

Im zweiten Schritt ist aus der Aufgabenstellung ersichtlich, dass die Träger der Zufallsvariablen $\Omega = \{0, 1, 2\}$ sind. An dieser Stelle muss man sich die Frage stellen, was wirklich größer gleich Eins ist. Daraus folgt, dass wirklich größer gleich Eins nur $P(X = 1)$ und $P(X = 2)$ sind und die Wahrscheinlichkeiten für beide Zufallsvariablen bekannt sind.

$$P(X \geq 1) = P(X = 1) + P(X = 2) = 0,5 + 0,25 = 0,75$$

Alternativ könnt ihr wie folgt vorgehen: Stellt euch doch die Frage, was echt kleiner als Eins ist. Echt kleiner als Eins ist nur $P(X = 0)$, wobei hierfür die Wahrscheinlichkeit bekannt ist. Es folgt

$$P(X \geq 1) = 1 - P(X < 1) = 1 - P(X = 0) = 1–0,25 = 0,75$$

2. Wie hoch ist die Wahrscheinlichkeit, dass bei einem Zufallsexperiment höchstens einmal „Zahl" geworfen wird?

Grundlegend drücken wir den Operator höchstens als $\leq$ aus und schreiben aus der Aufgabenstellung raus, was gesucht ist. Daraus folgt:

$$P(X \leq 1)$$

An dieser Stelle muss man sich die Frage stellen, was wirklich kleiner gleich Eins ist. Daraus folgt, dass wirklich kleiner gleich Eins nur $P(X = 0)$ und $P(X = 1)$ sind und die Wahrscheinlichkeiten für beide Zufallsvariablen bekannt sind.

$$P(X \leq 1) = P(X = 0) + P(X = 1) = 0,25 + 0,5 = 0,75$$

Man kann sich hier auch bei der Beantwortung die Verteilungsfunktion zu Nutze machen, da die Verteilungsfunktion die Wahrscheinlichkeit misst, dass die Zufallsvariable X höchstens ($\leq$) den Wert x annimmt! Es folgt

$$P(X \leq 1) = F(X = 1) = 0,75.$$

5.6 Verteilungsparameter einer diskreten Zufallsvariablen

Verteilungsparameter sind Größen, die bestimmte Aspekte einer Verteilung charakterisieren, wie zum Beispiel Lage, Streuung oder Schiefe einer Verteilung.
Wichtige Parameter sind:

Erwartungswert (Lageparameter):

- Der Erwartungswert ist der Schwerpunkt der Verteilung und beschreibt die Zahl, die die Zufallsvariable im Mittel annimmt.
- Der Erwartungswert $E(X)$ wird auch oft als μ bezeichnet.

$$\mu = E(X) = \sum_{i=1}^{k} x_i \cdot \underbrace{P(X = x_i)}_{=p_i} = x_1 \cdot p_1 + x_2 \cdot p_2 + \cdots + x_k \cdot p_k$$

Varianz (Streuungsparameter):

- Varianz beschreibt die Streuung einer Zufallsvariablen und hängt nicht vom Zufall ab.
- Die Varianz von der Zufallsvariablen X ist der Erwartungswert der quadrierten Abweichung von ihrem Erwartungswert.

- Oft wird statt $V(X)$ einfach σ^2 geschrieben.

$$\begin{aligned}\sigma^2 = V(X) &= \sum_{i=1}^{k}(x_i-\mu)^2\cdot p_i \\ &= (x_1-\mu)^2\cdot p_1 + (x_2-\mu)^2\cdot p_2 + \cdots + (x_k-\mu)^2\cdot p_k\end{aligned}$$

- Der Verschiebungssatz $\sigma^2 = \sum_{i=1}^{k} x_i^2 \cdot p_i - \mu^2$ erleichtert meist die Berechnung der Varianz.

Standardabweichung (Streuungsparameter):

- Die Standardabweichung ist die positive Wurzel aus der Varianz und gibt die Streuung der Werte um den Mittelwert an.
- Damit ist die Standardabweichung ebenfalls ein Maß für die Streuung, nur dass sie etwas langsamer ansteigt als die Varianz. Kennt man die Varianz, dann kann diese leicht in die Standardabweichung umgerechnet werden (und umgekehrt).

$$\sigma = \sqrt{V(X)} = \sqrt{\sigma^2}$$

Grundaufgaben

- Erwartungswert und Standardabweichung berechnen und interpretieren.
- Wahrscheinlichkeit dafür berechnen, dass die Zufallsvariable Werte annimmt, die um vorgegebene Werte vom Erwartungswert abweichen.

Beispiel

Ein Lehrer möchte wissen, wie gut seine Schüler abschneiden und wie sehr die guten bzw. schlechten Schüler vom Schnitt abweichen. Folgende Tabelle zeigt die Notenverteilung:

x_i (Note)	1	2	3	4	5	6
p_i	0,1	0,15	0,5	0,2	0	0,05

Der Erwartungswert berechnet sich wie folgt:

$$\mu = 1\cdot 0,1 + 2\cdot 0,15 + 3\cdot 0,5 + 4\cdot 0,2 + 5\cdot 0 + 6\cdot 0,05 = 3$$

Interpretation: Der Notendurchschnitt der Klasse beträgt somit 3.

Die Standardabweichung berechnen wir über die Varianz:

$$\begin{aligned}\sigma^2 &= (1-3)^2 \cdot 0,1 + (2-3)^2 \cdot 0,15 + (3-3)^2 \cdot 0,5 + (4-3)^2 \cdot 0,2 \\ &\quad + (5-3)^2 \cdot 0 + (6-3)^2 \cdot 0,05 = 1,2 \\ \Rightarrow \quad \sigma &= \sqrt{1,2} \approx 1,09\end{aligned}$$

Die Streuung um den Notendurchschnitt ist gering. Ein Stabdiagramm würde das weiter verdeutlichen. Bei solchen Aufgaben müsst ihr oft mehrere Szenarien vergleichen und sagen, welches Szenario mehr streut.

5.7 Bernoulliverteilung

Ein Zufallsexperiment, bei dem man sich nur dafür interessiert, ob ein Ereignis A eintritt oder nicht, nennt man ein Bernoulli-Experiment. Es wird also nur *Erfolg* oder *nicht Erfolg* betrachtet. Die Bernoulli-Verteilung ist stets diskret!

Dann heißt X bernoulliverteilt mit Parameter p. Man schreibt $X \sim B(1,p)$.

Es sei $p = P(A)$ die Eintritts- oder Erfolgswahrscheinlichkeit. Die Zufallsvariable X kann nun folgende Werte annehmen

$$X = \begin{cases} 1, & \text{falls A eintritt} \\ 0, & \text{falls A nicht eintritt} \end{cases}$$

und beschreibt die Anzahl der Erfolge bei $n = 1$ Versuchen.

Bemerkungen

Sei $X \sim B(1,p)$. Dann ist die Wahrscheinlichkeitsfunktion:

$$P(X=1) = p \quad \text{und} \quad P(X=0) = 1-p \quad \text{als Gegenwahrscheinlichkeit}$$

Daraus ergeben sich folgende Lage- und Streuungsmaße:

1. Erwartungswert: $\mu = E(X) = p$
   - Erwartungswert ist hier die Eintrittswahrscheinlichkeit.
2. Varianz: $\sigma^2 = V(X) = p \cdot (1-p)$
3. Standardabweichung: $\sigma = \sqrt{p \cdot (1-p)}$
   - Zur Erinnerung: Die Standardabweichung misst, wie schwer es ist, diese Wahrscheinlichkeit zu schätzen.

Beispiele: Geburt (Mädchen/Junge), Münzwurf (Kopf/Zahl)

5.8 Binomialverteilung

Die Binomialverteilung („mit Zurücklegen-Verteilung“) ist eine der wichtigsten diskreten Wahrscheinlichkeitsverteilungen. Eine Binomialverteilung ist die n-malige Wiederholung eines Bernoulli-Experiments.

Dann heißt X binomialverteilt mit Parametern n und p. Man schreibt $X \sim B(n, p)$.

Bemerkungen

- Die einzelnen Wiederholungen sind stochastisch unabhängig.
- Die Erfolgswahrscheinlichkeit ist bei allen Wiederholungen p:

$$\text{genau } k \text{ Treffer: } P(X = k) = \binom{n}{k} \cdot p^k \cdot (1-p)^{n-k}$$

$$\text{höchstens } k \text{ Treffer: } P(X \leq k) = \sum_{i=0}^{k} \binom{n}{i} \cdot p^i \cdot (1-p)^{n-i}$$

- Was ist eigentlich das n, p und k?
  - n = Anzahl der Ziehungen
  - p = Wahrscheinlichkeit
  - k = Anzahl der Treffer
- Berechnung für genau k Treffer mit GTR/CAS: `binompdf`(n, p, k)
- Berechnung für höchstens k Treffer mit GTR/CAS: `binomcdf`(n, p, k)
- Den Binomialkoeffizienten $\binom{n}{k}$ ermittelt man
  - mit der `nCr`-Taste des Taschenrechners
  - mit der Formel $\frac{n!}{k! \cdot (n-k)!}$
- Die Summe der Wahrscheinlichkeiten muss wieder 1 ergeben.
- Wichtig: Immer anwendbar beim „Ziehen mit Zurücklegen“. Bei Ziehen ohne Zurücklegen nicht (in diesem Fall ist die Pfadregel hilfreich).

Daraus ergeben sich folgende Lage- und Streuungsmaße:

1. Erwartungswert: $\mu = E(X) = n \cdot p$
2. Varianz: $\sigma^2 = V(X) = n \cdot p \cdot (1-p)$
3. Standardabweichung: $\sigma = \sqrt{\sigma^2} = \sqrt{n \cdot p \cdot (1-p)}$

Beispiel

Eine Urne enthält 6 schwarze und 4 rote Kugeln. Es werden 5 Kugeln mit Zurücklegen gezogen.

Grundlegend muss man herausfinden, um welche Verteilung es sich handelt. In der Aufgabenstellung steht, dass die Kugeln „mit Zurücklegen“ gezogen werden und daraus folgt, dass es sich um die Binomialverteilung handeln muss.

$$X \sim B(n,p)$$

Jetzt müssen die Parameter n und p identifiziert werden, die zur Berechnung von Wahrscheinlichkeiten für die Binomialverteilung benötigt werden.

- „es wird fünf mal gezogen“: daraus folgt $n = 5$.
- p: Laplace Wahrscheinlichkeit, also der Quotient aus den günstigen Ereignissen und den möglichen Ereignissen. Daraus folgt: $p = 4/10 = 0,4$.

Wir fassen zusammen:

- Für rote Kugeln gilt $X \sim B(5;0,4)$.
- für schwarze Kugeln gilt $X \sim B(5;0,6)$.

Es werden die nachstehenden Aufgaben bearbeitet.

1. Berechne den Erwartungswert der roten Kugeln: $\mu = n \cdot p = 5 \cdot 0,4 = 2$
2. Berechne die Varianz der roten Kugeln:
$$\sigma^2 = n \cdot p \cdot (1-p) = 5 \cdot 0,4 \cdot (1-0,4) = 1,2$$
3. Wie groß ist die Wahrscheinlichkeit genau drei rote Kugeln zu ziehen?

   Hier gilt also $X \sim B(5;0,4)$ mit $k = 3$:
$$P(X=3) = \binom{5}{3} \cdot 0,4^3 \cdot (1-0,4)^{5-3} = 0,2304$$
   oder mit TR und dem Befehl `binompdf`$(5;0,4;3)$. Die Wahrscheinlichkeit für genau drei rote Kugeln beträgt 23,04 %.
4. Wie groß ist die Wahrscheinlichkeit höchstens zwei rote Kugeln zu ziehen?

   Hier gilt also $X \sim B(5;0,4)$ mit $k \leq 2$:
$$\begin{aligned} P(X \leq 2) &= P(X=0) + P(X=1) + P(X=2) \\ &= \binom{5}{0} \cdot 0,4^0 \cdot (1-0,4)^{5-0} + \binom{5}{1} \cdot 0,4^1 \cdot (1-0,4)^{5-1} \\ &+ \binom{5}{2} \cdot 0,4^2 \cdot (1-0,4)^{5-2} = 0,68256 \approx 68,26\% \end{aligned}$$
   oder mit TR und dem Befehl `binomcdf`$(5;0,4;2)$.

5. Wie groß ist die Wahrscheinlichkeit mindestens zwei schwarze Kugel zu ziehen?

   Hier gilt also $X \sim B(5; 0,6)$ mit $k \geq 2$. Für die Lösung gibt es zwei Möglichkeiten, wobei die zweite Alternative (II) sehr viel Zeit spart und aus diesem Grund auch gewählt werden sollte!

$$(I) \quad P(X \geq 2) = P(X = 2) + P(X = 3) + P(X = 4) + P(X = 5)$$
$$(II) \quad P(X \geq 2) = 1 - ((P(X = 0) + P(X = 1))$$

   Nach Einsetzen der gegebenen Werte ergibt sich die Wahrscheinlichkeit mindestens zwei schwarze Kugeln zu ziehen: $P(X \geq 2) = 0,91296$.

5.8.1 Typische Binomialrechnungen

Eine Stichprobe besteht aus $n = 100$ Schrauben und die Wahrscheinlichkeit einer defekten Schraube liegt bei $p = 0,1$.

1. Gesucht sei die Wahrscheinlichkeit, dass genau 12 Schrauben defekt sind:

$$P(X = 12) = \binom{100}{12} \cdot 0,1^{12} \cdot 0,9^{100-12}$$

2. Gesucht sei die Wahrscheinlichkeit, dass höchstens 12 Schrauben defekt sind:

Also alle Wahrscheinlichkeiten von 0 bis 12 aufsummieren:

$$P(X \leq 12) = P(X = 0) + P(X = 1) + ... + P(X = 12)$$

3. Gesucht sei die Wahrscheinlichkeit, dass mindestens 12 Schrauben defekt sind:

Also alle Wahrscheinlichkeiten von 12 bis 100 aufsummieren oder mit der Gegenwahrscheinlichkeit rechnen:

$$P(X \geq 12) = \underbrace{1}_{\text{Alles}} - \underbrace{P(X \leq 11)}_{0-11}$$

4. Gesucht sei die Wahrscheinlichkeit für <u>mehr</u> als 4, aber <u>weniger</u> als 15 defekte Schrauben:

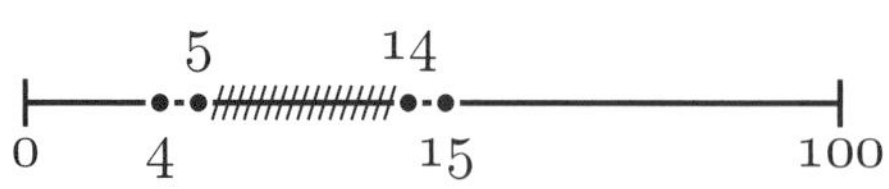

Also alle Wahrscheinlichkeiten zwischen 5 und 14 aufsummieren oder clever mit Gegenwahrscheinlichkeiten:

$$P(5 \leq X \leq 14) = \underbrace{P(X \leq 14)}_{\text{Alles bis 14}} - \underbrace{P(X \leq 4)}_{\text{Alles bis 4}}$$

5.8.2 Übersicht typischer Fragestellungen

$$
\begin{array}{rrl}
\text{genau} & k & \text{Treffer}: \; P(X=k) = \begin{pmatrix} n \\ k \end{pmatrix} \cdot p^k \cdot (1-p)^{n-k} \\
\text{höchstens} & k & \text{Treffer}: \; P(X \leq k) \\
\text{weniger als} & k & \text{Treffer}: \; P(X < k) = P(x \leq k-1) \\
\text{mindestens} & k & \text{Treffer}: \; P(X \geq k) = 1 - P(x \leq k-1) \\
\text{mehr als} & k & \text{Treffer}: \; P(X > k) = 1 - P(x \leq k) \\
\text{mind. } k\text{, aber höchst.} & h & \text{Treffer}: \; P(k \leq X \leq h) = P(X \leq h) - P(X \leq k-1)
\end{array}
$$

5.8.3 Aufgabentyp: Anzahl Ziehungen ermitteln

Oft wird auch nach der Anzahl der Ziehungen/Wiederholungen n gefragt. Dabei gibt es einige Dinge zu beachten. Machen wir uns das Ganze anhand eines Beispiels klar:

Wie viele Bälle müsste man mindestens kontrollieren, um mit einer Wahrscheinlichkeit von mindestens 95% wenigstens einen fehlerhaften Ball zu finden? X sei binomialverteilt mit $p = 0,1$. Gesucht ist demnach n. Es gilt:

$$
\begin{array}{lrcll}
 & P(X \geq 1) & \geq & 0,95 & \\
\Leftrightarrow & 1 - P(X=0) & \geq & 0,95 & \mid + P(X=0) \mid -0,95 \\
\Leftrightarrow & 0,05 & \geq & P(X=0) & \\
\Leftrightarrow & P(X=0) & \leq & 0,05 & \mid \text{Formel einsetzen} \\
\Leftrightarrow & \begin{pmatrix} n \\ 0 \end{pmatrix} \cdot 0,1^0 \cdot 0,9^n & \leq & 0,05 & \mid \text{bel. Zahl hoch 0 ist immer 1} \\
\Leftrightarrow & 0,9^n & \leq & 0,05 & \mid \text{beide Seiten logarithmieren} \\
\Leftrightarrow & \ln(0,9^n) & \leq & \ln(0,05) & \mid \text{Logarithmengesetze} \\
\Leftrightarrow & n \cdot \ln(0,9) & \leq & \ln(0,05) & \mid \ln(0{,}9) \text{ negativ, daher Vorzeichenumkehr} \\
\Leftrightarrow & n & \geq & \frac{\ln(0,05)}{\ln(0,9)} \approx 28,43 &
\end{array}
$$

Es müssten somit mindestens 29 Bälle kontrolliert werden, um wenigstens einen fehlerhaften Ball zu finden.

Beachtet: Bei mal oder durch (-1) dreht sich das größer oder kleiner Zeichen. Wenn wir durch den ln teilen, müsst ihr aufpassen ob der ln eventuell negativ ist, dann dreht sich das Zeichen wieder.

5.8.4 σ-Regeln

Bei der Binomialverteilung konzentrieren sich die Werte um den Erwartungswert μ. Deshalb untersucht man häufig symmetrische Umgebungen um den Erwartungswert. Den Radius dieser Umgebungen gibt man meist als Vielfaches der Standardabweichung σ an. So ist z.B. die 2σ-Umgebung des Erwartungswerts das Intervall $[\mu - 2\sigma; \mu + 2\sigma]$.

Beispiel Sei $X \sim B(50; 0,3)$. Bestimme die 2σ-Umgebung und die Wahrscheinlichkeit dafür, dass X in dieser Umgebung liegt.

Mit dem Erwartungswert $\mu = 50 \cdot 0,3 = 15$ und der Standardabweichung $\sigma = \sqrt{50 \cdot 0,3 \cdot 0,7} = 3,24$ ergibt sich das Intervall

$$[15 - 2 \cdot 3,24; 15 + 2 \cdot 3,24] = [8,52; 21,48]$$

und die Werte liegen (da diskrete Verteilung, also nur ganze Zahlen) zwischen 9 und 21. Die Wahrscheinlichkeit lautet dann

$$P(9 \leq X \leq 21) = P(X \leq 21) - P(X \leq 8) = \sum_{k=9}^{21} \binom{50}{k} 0,3^k \cdot 0,7^{50-k} = 0,9566.$$

Wir sehen, dass die Berechnung der obigen Wahrscheinlichkeit sehr umständlich ist. Aus diesem Grund wurden für die am häufigsten verwendeten σ-Umgebungen sogenannte σ-Regeln eingeführt, die die zugehörigen Wahrscheinlichkeiten näherungsweise bestimmen. Für eine binomialverteilte Zufallsvariable $X \sim B(n, p)$ werden in der σ-Umgebung gute Werte erzielt, falls die **Laplace-Bedingung** $\sigma > 3$ erfüllt ist.

Wahrscheinlichkeit in σ-Umgebung, falls $\sigma > 3$:

$$\begin{aligned}
P(\mu - \sigma &\leq X \leq \mu + \sigma) &\approx 0,68\\
P(\mu - 1,64\sigma &\leq X \leq \mu + 1,64\sigma) &\approx 0,90\\
P(\mu - 1,96\sigma &\leq X \leq \mu + 1,96\sigma) &\approx 0,95\\
P(\mu - 2\sigma &\leq X \leq \mu + 2\sigma) &\approx 0,955\\
P(\mu - 2,58\sigma &\leq X \leq \mu + 2,58\sigma) &\approx 0,99\\
P(\mu - 3\sigma &\leq X \leq \mu + 3\sigma) &\approx 0,997
\end{aligned}$$

Woher diese Werte wie 0,68 oder 0,997 kommen, sehen wir bei der Dichtefunktion der Normalverteilung.

5.9 Hypergeometrische Verteilung

Eine Zufallsvariable X heißt hypergeometrischverteilt, kurz $X \sim H(n, N, M)$ mit der Wahrscheinlichkeitsfunktion:

$$P(X = k) = \frac{\binom{M}{k} \cdot \binom{N-M}{n-k}}{\binom{N}{n}}$$

Bemerkungen

- N: Grundgesamtheit
- M: Elemente, die die Eigenschaft A besitzen
- $N - M$: Elemente, die die Eigenschaft A nicht besitzen
- n: Zufällige Entnahme ohne Zurücklegen
- Wichtig: IMMER anwendbar beim „Ziehen ohne Zurücklegen“
- Beispiel: Lotto
  - Grundgesamtheit: $N = 49$ Zahlen
  - Eigenschaft Gewinn: $M = 6$ Zahlen
  - Eigenschaft kein Gewinn: $N - M = 43$ Zahlen
  - Ziehungen: $n = 6$ Zahlen

Daraus ergeben sich folgende Lage- und Streuungsmaße:

- Erwartungswert: $\mu = E(X) = n \cdot \frac{M}{N}$
- Varianz: $\sigma^2 = V(X) = n \cdot \frac{M}{N} \cdot \left(1 - \frac{M}{N}\right) \cdot \frac{N-n}{N-1}$

Beispiel

Eine Lieferung von 80 Kisten, die mit Früchten gefüllt sind, enthalte 40 Kisten mit verdorbenen Früchten. Da eine vollständige Prüfung der Lieferung zu aufwendig ist, haben Abnehmer und Lieferant vereinbart, dass eine Zufallsstichprobe (ohne Zurücklegen) von 10 Kisten der Lieferung entnommen und geprüft wird, um die Anzahl der Kisten mit verdorbenen Früchten zu bestimmen.

Grundlegend muss man herausfinden, um welche Verteilung es sich handelt. In der Aufgabenstellung steht, dass die Zufallsstichprobe „ohne Zurücklegen“ durchgeführt wird und daraus folgt, dass es sich um die Hypergeometrische Verteilung handeln muss.

$$X \sim H(n, N, M)$$

Jetzt muss man die Parameter n, N, M identifizieren, die zur Berechnung von Wahrscheinlichkeiten für die Hypergeometrische Verteilung benötigt werden.

- „Wie oft wird gezogen?“ Hier werden 10 Kisten entnommen, daraus folgt $n = 10$.
- Grundgesamtheit, hier $N = 80$.
- Elemente mit gewisser Eigenschaft, hier 40 Kisten mit verdorbenen Früchten, also $M = 40$.

Folgende Aufgaben sollen bearbeitet werden:

1. Bestimme die Wahrscheinlichkeit für 10 verdorbene Kisten unter der Zufallsstichprobe $X \sim H(10; 80, 40)$ mit $k = 10$. Es gilt:

$$P(X = 10) = \frac{\binom{40}{10} \cdot \binom{80-40}{10-10}}{\binom{80}{10}} = 0,000512$$

2. Bestimme die Wahrscheinlichkeit für mindestens eine verdorbene Kisten unter der Zufallsstichprobe $X \sim H(10; 80, 40)$ mit $k \geq 1$. Es gilt:

$$\begin{aligned} P(X \geq 1) &= 1 - P(X < 1) = 1 - P(X = 0) \\ &= 1 - \frac{\binom{40}{0} \cdot \binom{80-40}{10-0}}{\binom{80}{10}} = 1 - 0,000512 = 0,999485 \end{aligned}$$

3. Bestimme den Erwartungswert und die Varianz.

$$\begin{aligned} E(X) &= 10 \cdot \frac{40}{80} = 5 \\ V(X) &= 10 \cdot \frac{40}{80} \cdot \left(1 - \frac{40}{80}\right) \cdot \frac{80-10}{80-1} = 2,22 \end{aligned}$$

6 Spezielle stetige Verteilungen

6.1 Stetige Zufallsvariablen

Diskrete Zufallsvariablen sind dadurch gekennzeichnet, dass man die Anzahl ihrer Ausprägungen abzählen kann. Das Zufallsverhalten einer diskreten Zufallsvariablen X mit k Ausprägungen x_i mit $i = 1, 2, \ldots, k$ und den Eintrittswahrscheinlichkeiten $p_i = P(X = x_i)$ lässt sich vollständig durch die Wahrscheinlichkeitsfunktion $f(x)$ oder die Verteilungsfunktion $F(x)$ charakterisieren.

Bei stetigen Zufallsvariablen ist die Trägermenge, also die Menge der möglichen Realisationen, ein Intervall. Das Verhalten einer stetigen Zufallsvariablen X lässt sich wie im diskreten Fall durch die Verteilungsfunktion

$$F(x) = P(X \leq x) \tag{6.1}$$

vollständig charakterisieren.

Definition: Eine Zufallsvariable X heißt stetig, wenn sich ihre Verteilungsfunktion als Integral einer Funktion: $f(x) : \mathbb{R} \to [0, 1)$ schreiben lässt:

$$F(x) = P(X \leq x) = \int_{-\infty}^{x} f(t) \, \mathrm{d}t, \quad \forall x \in \mathbb{R}$$

Bemerkungen

- Wer sich nun wundert, warum wir auf einmal $f(t)$ statt $f(x)$ schreiben: Weil wir das x schon für die Verteilungsfunktion F verwenden, müssen wir uns bei der Dichte kurzfristig einen neuen Buchstaben überlegen.
- Die Funktion $f(x)$ heißt Dichtefunktion und vermittelt einen visuellen Eindruck der Verteilung.
- Merke: $f(x) \neq P(X = x)$ und $F(x) = P(X \leq x)$
- Dichten sind keine Wahrscheinlichkeiten, aber vielmehr gibt die Fläche unter der Dichtefunktion die Wahrscheinlichkeit an: Integralrechnung!
- Eine Zufallsvariable X wird als stetig bezeichnet, wenn sie überabzählbar unendlich viele Werte annimmt.

- Der Wertebereich ist meistens ein Intervall aller reellen Zahlen oder die Menge aller reellen Zahlen selbst.
- Bei einer stetigen Zufallsvariablen ist $P(X = x) = 0$, da es als unmöglich angesehen wird, genau einen bestimmten Wert x zu „treffen". Man betrachtet bei einer stetigen Zufallsvariablen nur Wahrscheinlichkeiten der Art $P(X \leq x)$, welche durch die Verteilungsfunktion charakterisiert wird, siehe Gl. (6.1).
- Die Dichtefunktion f und die Verteilungsfunktion F enthalten die gleiche Information. Der Unterschied besteht lediglich in der Darstellung dieser Information.

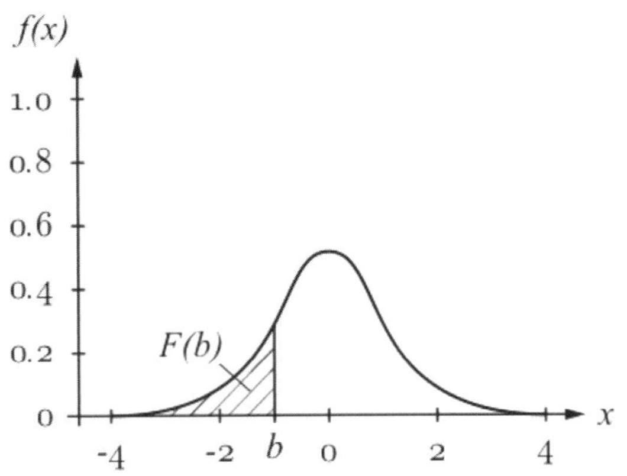

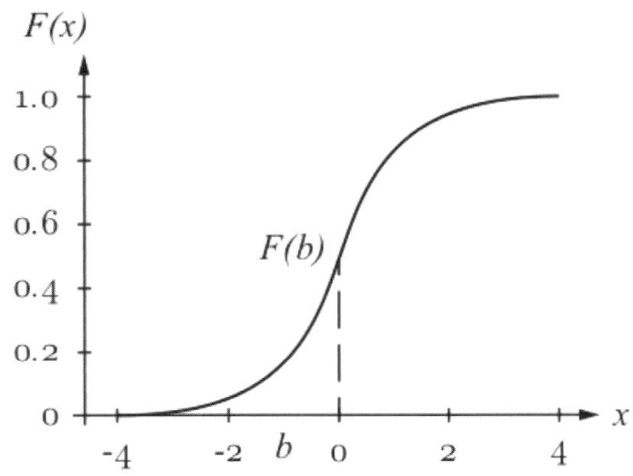

Es gelten folgende Eigenschaften für die Dichtefunktion:

- Nichtnegativität: $f(x) > 0 \; \forall x \in \mathbb{R}$
- Normiertheit: $\int_{-\infty}^{\infty} f(x) \, \mathrm{d}x = 1$, das entspricht der Fläche unter der Funktion!

Merke:

- Es wird immer ein Intervall betrachtet.
- Die Wahrscheinlichkeit für exakt einen Wert ist immer gleich Null!

Beispiel

Carlo fragt Markus, wie hoch die Wahrscheinlichkeit sei, dass es heute 32 Grad werden. Markus hat den StudyHelpKurs Stochastik bereits im letzten Jahr gehört und sagt: „0". Carlo fragt nach einer Begründung. Als erstes antwortet Markus, dass es sich um eine stetige ZV handelt und führt dann folgende Rechnung aus. Er denkt sich als Funktion $f(x) = 1/10$ aus, weil der Wetterbericht Höchstwerte zwischen 25 und 30 Grad angesagt hat.

1. $P = (32 \leq X \leq 32)$ für $P(X = 32)$
2. Es gilt: $\int_{-\infty}^{\infty} f(x) \, \mathrm{d}x = \int_{32}^{32} \frac{1}{10} \, \mathrm{d}x = \left[\frac{1}{10} \cdot 32 - \frac{1}{10} \cdot 32\right] = 0$

6.2 Verteilungsparameter stetiger Zufallsvariablen

Verteilungsparameter sind Größen, die bestimmte Aspekte einer Verteilung charakterisieren, wie zum Beispiel Lage, Streuung oder Schiefe einer Verteilung. Wichtige Parameter sind:

Erwartungswert (Lageparameter):

- Der Erwartungswert ist der Schwerpunkt der Verteilung und beschreibt die Zahl, die die Zufallsvariable im Mittel annimmt.
- Ist die Zufallsvariable X stetig, so ist die Verteilung durch die Dichte $f(x)$ bestimmt. Die Randwerte von $-\infty$ bis ∞ bedeuten, dass über den gesamten definierten Bereich integriert wird.
- Der Erwartungswert wird auch oft als μ bezeichnet.

$$\mu = E(X) = \int_{-\infty}^{\infty} x \cdot f(x)\, \mathrm{d}x$$

Varianz (Streuungsparameter)

- Varianz beschreibt die Streuung einer ZV.
- Die Varianz von der stetigen ZV X ist der Erwartungswert der quadrierten Abweichung von ihrem Erwartungswert:

$$\sigma^2 = V(X) = \int_{-\infty}^{\infty} (x_j - \mu)^2 \cdot f(x)\, \mathrm{d}x$$

- Der Verschiebungssatz $\sigma^2 = \int_{-\infty}^{\infty} x^2 f(x)\, \mathrm{d}x - \mu^2$ erleichtert meist die Berechnung der Varianz.

Standardabweichung (Streuungsparameter)

- Die Standardabweichung ist die positive Wurzel aus der Varianz und gibt die Streuung der Werte um den Mittelwert an.
- Damit ist die Standardabweichung ebenfalls ein Maß für die Streuung, nur dass sie etwas langsamer ansteigt als die Varianz. Kennt man die Varianz, dann kann diese leicht in die Standardabweichung umgerechnet werden (und umgekehrt).

$$\sigma = \sqrt{V(X)} = \sqrt{\sigma^2}$$

Beispiel

An einem Uni-Tag, falls dieser Tag nicht Freitag ist, geht Daniel zwischen 10:00 Uhr und 10:36 Uhr zur Bushaltestelle. Seine dortige Wartezeit auf den Bus beträgt zwischen 0 und 12 Minuten. Es sei zudem die Dichtefunktion der Wartezeit bekannt mit $f(x) = 1/12$ für $x \in [0, 12]$ und 0 sonst.

1. Berechne Erwartungswert, Varianz und Standardabweichung.

Hierbei handelt sich um eine stetige Zufallsvariable, da die Wartezeit immer weiter unterteilt werden kann (Minuten, Sekunden, Millisekunden). Aus diesem Grund sind die Formeln der stetigen Zufallsvariablen zu wählen.

$$\begin{aligned}\mu = E(X) &= \int_0^{12} x \cdot f(x)\,\mathrm{d}x = \int_0^{12} \frac{1}{12}\,x\,\mathrm{d}x \\ &= \left[\frac{1}{24}\,x^2\right]_0^{12} = \frac{1}{24}\cdot 12^2 - \frac{1}{24}\cdot 0^2 = 6\end{aligned}$$

Die erwartete Wartezeit beträgt 6 Minuten.

$$\begin{aligned}\sigma^2 = V(X) &= \int_0^{12} x^2 \cdot f(x)\,\mathrm{d}x - \mu^2 = \int_0^{12} \frac{1}{12}\,x^2\,\mathrm{d}x - 6^2 \\ &= \left[\frac{1}{36}\,x^3\right]_0^{12} - 36 = \left(\frac{1}{36}\cdot 12^3 - \frac{1}{36}\cdot 0^3\right) - 36 = 12\end{aligned}$$

2. Wie groß ist die Wahrscheinlichkeit, dass er zwischen 5 Minuten und 8 Minuten warten muss?

$$\begin{aligned}P(X \leq x) &= \int_5^{8} f(x)\,\mathrm{d}x = \int_5^{8} \frac{1}{12}\,\mathrm{d}x \\ &= \left[\frac{1}{12}\,x\right]_5^{8} = \frac{1}{12}\cdot 8 - \frac{1}{12}\cdot 5 = 0,25\end{aligned}$$

Die Wahrscheinlichkeit, dass er zwischen 5 Minuten und 8 Minuten warten muss, beträgt 25 %.

6.3 Normalverteilung

Die Normal- oder Gauß-Verteilung (oder Glockenkurve) ist die wichtigste stetige Verteilung.

X heißt normalverteilt oder Gauß-verteilt mit den Parametern $\mu \in \mathbb{R}$ und $\sigma^2 > 0$, kurz $X \sim N(\mu, \sigma^2)$, wenn X folgende Dichte hat

$$f(x) = \frac{1}{\sigma \cdot \sqrt{2\pi}} \cdot e^{-\frac{1}{2} \cdot (\frac{x-\mu}{\sigma})^2}, \ \forall x \in \mathbb{R}$$

Gucken wir uns kurz die Formel genau an.

- $\frac{1}{\sigma \cdot \sqrt{2\pi}}$: Der Vorfaktor normiert alle Funktionswerte, so dass diese zwischen 0 und 1 liegen.
- $e^{-\frac{1}{2} \cdot (\frac{x-\mu}{\sigma})^2}$: Dieser Faktor gibt die Häufigkeit von x an.

Verteilungsparameter:

- Erwartungswert: $E(x) = \mu$, beschreibt x mit der größten Häufigkeit (Hochpunkt der Glocke)
- Varianz: $V(x) = \sigma^2$
- Standardabweichung: σ, gibt Breite der Kurve an

6.3.1 Standardisieren von normalverteilten Zufallsvariablen

Die Verteilungsfunktion der Normalverteilung kann man nicht mit einer Formel im Taschenrechner berechnen. Das Integral über der Dichtefunktion lässt sich nämlich nicht mit Stift und Papier lösen:

$$F(x) = \frac{1}{\sigma \cdot \sqrt{2\pi}} \int_{-\infty}^{x} e^{-\frac{1}{2} \cdot (\frac{t-\mu}{\sigma})^2} \, dt, \ \forall x \in \mathbb{R}$$

Wir nehmen dafür eine Verteilungstabelle mit der man Werte $F(x)$ der Verteilungsfunktion jeder beliebigen Normalverteilung bestimmen kann. Allerdings gibt es unendlich viele Normalverteilungen, sodass wir ausschließlich eine Tabelle für Standardnormalverteilungen $X \sim N(0,1)$ mit $\mu = 0$ und $\sigma^2 = 1$ verwenden. Wir müssen also die normalverteilten Zufallsvariablen standardisieren und dann deren Wert anhand der Verteilungstabelle bestimmen! Es gilt:

$$P(X \leq x) = P(Z \leq \frac{x-\mu}{\sigma}) = \Phi(\frac{x-\mu}{\sigma}) = \Phi(z)$$

mit der standardisierten Zufallsvariable $Z = \frac{X-\mu}{\sigma}$. Die Standardnormalverteilung wird dabei statt $F(x)$ mit $\Phi(z)$ notiert, um Verwechslungen mit der unstandardisierten Verteilungsfunktion zu vermeiden.

Beispiel Angenommen, wir haben eine Zufallsvariable $X \sim N(4, 1)$ und möchten ihre Verteilungsfunktion an der Stelle $x = 3$ wissen. Wir suchen also die Wahrscheinlichkeit, dass diese Zufallsvariable einen Wert kleiner oder gleich 3 erhält. Man muss sich jetzt klar darüber werden, dass das genau dasselbe ist, wie wenn ich für eine Zufallsvariable $Z \sim N(0, 1)$ die Verteilungsfunktion an der Stelle $x = -1$ suche. Warum? Weil wir die Normalverteilung um $\mu = 4$ in den Ursprung verschieben und die Standardnormalverteilung erhalten: $Z = (3 - 4)/1 = -1$.

6.3.2 Wie lese ich Φ-Werte ab?

Um die Werte von Φ (ausgesprochen: Phi) abzulesen, verwenden wir die Tabelle der Standardnormalverteilung, die ihr dann in der Klausur bekommen werdet. In der folgenden Abbildung seht ihr einen Ausschnitt einer solchen Tabelle und Beispiele, wie man mit der Tabelle umgehen muss. Das Ablesen sollte euch keine Probleme machen!

Ausschnitt der Standard-*Normalverteilungs*-Tabelle

Allg.: $\Phi(z) = 0, \ldots$ $\quad \Phi(-z) = 1 - \Phi(z)$

Hinweis:
auf 2 Nachkommastellen runden

z	0	1	2	3	4
0,0	5000	5040	5080	5120	5160
0,1	5398	5438	5478	5517	5557
0,2	5793	5832	5871	5910	5948
0,3	6179	6217	6255	6293	6331
0,4	6554	6591	6628	6664	6700
0,5	6915	6950	6985	7019	7054
0,6	7257	7291	7324	7357	7389
0,7	7580	7611	7642	7673	7704
0,8	7881	7910	7939	7967	7995
0,9	8159	8186	8212	8238	8264
1,0	8413	8438	8461	8485	8508
1,1	8643	8665	8686	8708	8729
1,2	8849	8869	8888	8907	8925
1,3	9032	9049	9066	9082	9099
1,4	9192	9207	9222	9236	9251

Beispiele:

$\Phi(0{,}32) = 0{,}6255 \approx 62{,}55\%$

$$\Phi(-1{,}40) = 1 - \Phi(1{,}40) = 1 - 0{,}9192 \approx 8{,}1\%$$

6.3.3 Wahrscheinlichkeiten für Intervalle

Es sei $X \sim N(\mu, \sigma^2)$ und $a,\ b \in \mathbb{R},\ a \leq b$, dann gilt:

$$P(a \leq X \leq b) = \Phi\left(\frac{b-\mu}{\sigma}\right) - \Phi\left(\frac{a-\mu}{\sigma}\right)$$
$$P(X \leq b) = \Phi\left(\frac{b-\mu}{\sigma}\right)$$
$$P(X > a) = 1 - \Phi\left(\frac{a-\mu}{\sigma}\right)$$

Wichtig: Wegen Symmetrie der Dichtefunktion gilt $\Phi(-z) = 1 - \Phi(z)$. Falls also in der Klammer von Φ eine negative Zahl rauskommt, könnt ihr diese so umschreiben.

Es folgt eine Skizze einer Normalverteilungsdichte mit $\mu = 0$ und $\sigma^2 = 1$. Sie hat ihr Maximum an der Stelle μ und fällt im Bereich von ungefähr $\pm 3\pi$. Außerhalb eines Abstandes von 3π ist die Dichte nahe bei Null.

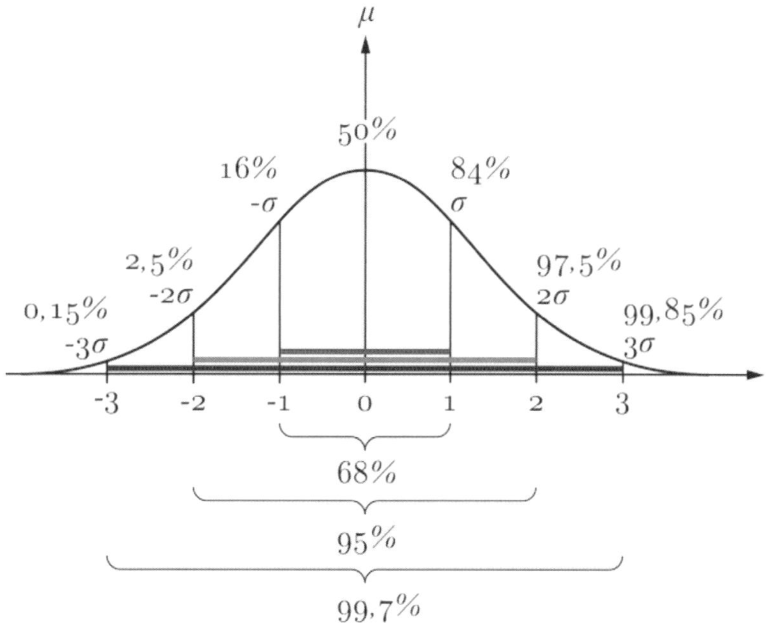

Beispiele

1. Die Punktevergabe der Abi-Klausur ist normalverteilt mit $\mu = 81,07$ und $\sigma = 3$. Die Schülerin Chantalle hat 85 Punkte erreicht. Wie viel Prozent ihrer Mitschüler waren schlechter als sie?

Aus dem Aufgabentext geht hervor, dass es sich um eine normalverteile Zufallsvariable handet mit $X \sim N(81,07; 9)$. Um die Wahrscheinlichkeit zu bestimmen, standardisieren wir die Zufallsvariable und erhalten für $Z = \frac{85-81{,}07}{3} = 1,31$. Es folgt:

$$P(X \leq 85) = P(Z \leq 1,31) = \Phi\left(Z\right) = \Phi\left(1,31\right) = 90,49$$

Ein Blick in die Tabelle der Standardnormalverteilung verrät uns, dass 90,49% der der Mitschüer schlechter als Chantalle waren.

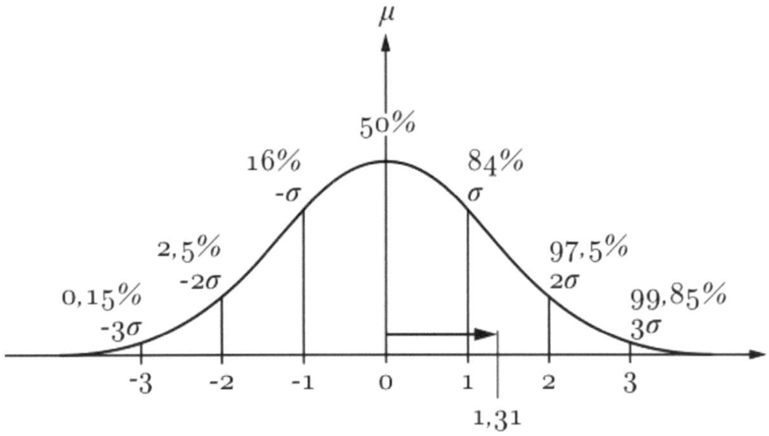

2. Bestimme die Werte für folgende Normalverteilungen.

   i) $X \sim N(-1; 4)$ und $P(X \leq 0)$:

$$P(X \leq 0) = P\left(Z \leq \frac{0-(-1)}{2}\right) = P(Z \leq 0,5) = \Phi(0,5) = 0,6915$$

   ii) $X \sim N(0; 5)$ und $P(X > 2)$:

$$P(X > 2) = 1 - P(X \leq 2) = 1 - P\left(Z \leq \frac{2-0}{\sqrt{5}}\right) = 1 - \Phi(0,89) = 0,1867$$

   iii) $X \sim N(150; 100)$ und $P(160 < X \leq 170)$:

$$\begin{aligned} P(X \leq 170) - P(X \leq 160) &= P\left(Z \leq \frac{170-150}{10}\right) - P\left(Z \leq \frac{160-150}{10}\right) \\ &= \Phi(2) - \Phi(1) = 0,977 - 0,841 = 0,136 \end{aligned}$$

6.3.4 Quantile bestimmen

Quantile oder genauer gesagt α-Quantile sind Werte, die eine Menge an Daten in zwei Teile spalten. Ein Anteil dieser Daten ist mindestens α kleiner oder gleich dem α-Quantil und mindestens ein Anteil ist $1-\alpha$ größer oder gleich dem α-Quantil. Ein 0,3-Quantil ist dasselbe wie ein 30%-Quantil und bedeutet, dass die Daten in die niedrigen 30% und die hohen 70% aufgeteilt werden. Übrigens: Der Median ist nichts anderes als das 50%-Quantil.

Das α-Quantil einer Normalverteilung bestimmt man genau umgekehrt wie den Wert der Verteilungsfunktion. Wir schlagen zuerst das α-Quantil der Standardnormalverteilung in der Verteilungstabelle nach. Nennen wir es z_α. Anschließend transformieren wir es in das Quantil q_α der tatsächlichen Normalverteilung, indem wir es erst mit σ multiplizieren und dann noch μ addieren. Es gilt:

$$q_\alpha = \mu + \sigma \cdot z_\alpha$$

Beispiele Bestimme das

i) 50%-Quantil $q_{0,5}$ und es sei $X \sim N(-1; 4)$:

$$q_{0,5} = \mu + \sigma \cdot z_{0,5} = -1 + \sqrt{4} \cdot 0 = -1$$

Merke: Das 50%-Quantil jeder Normalverteilung ist immer μ.

ii) 97,5%-Quantil $q_{0,975}$ und es sei $X \sim N(0; 5)$:

$$q_{0,975} = \mu + \sigma \cdot z_{0,975} = 0 + \sqrt{5} \cdot 1,96 = 4,382$$

iii) 10%-Quantil $q_{0,1}$ und es sei $X \sim N(150; 100)$:

$$q_{0,1} = \mu + \sigma \cdot \underbrace{z_{0,1}}_{=-z_{0,9}} = 150 + \sqrt{100} \cdot (-1,28) = 137,2$$

Approximation der Binomialverteilung durch die Normalverteilung

Bei der praktischen Anwendung der Binomialverteilung kann es vorkommen, das sehr große Werte von n, z.B. $n = 10000$ auftreten, wodurch das Berechnen der Wahrscheinlichkeiten sehr zeitaufwendig wird. Wir haben dann die Möglichkeit, die Binomialverteilung durch die Normalverteilung anzunähern (approximieren).

Die Annäherung geht aber nur, wenn eine der beiden folgenden Bedingungen erfüllt ist:

- Laplace-Bedingung $\sigma = \sqrt{n \cdot p \cdot (1-p)} > 3$ oder
- $n \cdot p > 4$ und $n \cdot (1-p) > 4$

Die nachfolgende Übersicht zeigt die Annäherung der Normalverteilung an die Binomialverteilung. Wenn die Bedingungen erfüllt sind, kann man mit den Näherungswerten gut arbeiten.

BINOMIALVERTEILUNG

gegeben: n, p

$\longrightarrow \mu = n \cdot p$

$\longrightarrow \sigma = \sqrt{n \cdot p \cdot (1-p)}$

NORMALVERTEILUNG

$$f(x) = \frac{1}{\sqrt{2\pi\sigma^2}} \cdot e^{-\frac{1}{2}\left(\frac{x-\mu}{\sigma}\right)^2}$$

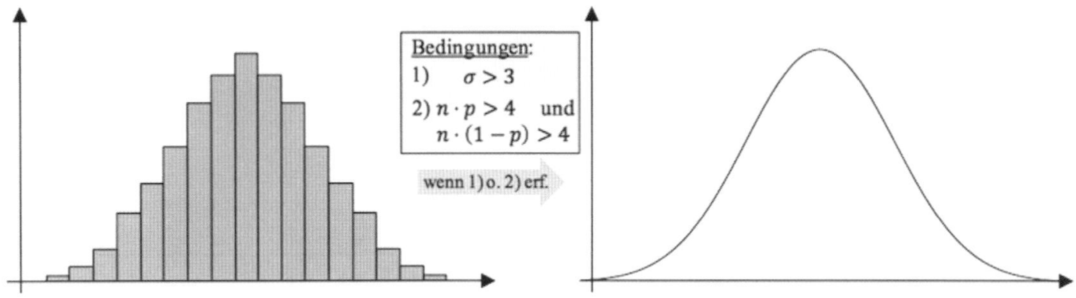

Warum hilft uns das überhaupt? Bei der Binomialverteilung können nur ganze Zahlen über Null eingesetzt werden. Durch die Ersetzung durch die Normalverteilung können für x nun alle Werte, egal ob Komma-Zahlen oder negative Zahlen eingesetzt werden. Wenn eine der beiden Bedingungen erfüllt ist, gilt:

$$P(X \leq x) = \Phi\left(\frac{x - np}{\sqrt{np(1-p)}}\right) = \Phi\left(\frac{x-\mu}{\sigma}\right)$$

Bei der Approximation einer diskreten Verteilungsfunktion durch eine stetige, muss noch eine Stetigkeitskorrektur vorgenommen werden. Man erhält:

$$P(X \leq x) \approx \Phi\left(\frac{x + 0,5 - \mu}{\sigma}\right)$$

$$P(X \geq x) \approx 1 - \Phi\left(\frac{x - 0,5 - \mu}{\sigma}\right)$$

$$P(a < X \leq b) \approx \Phi\left(\frac{b + 0,5 - \mu}{\sigma}\right) - \Phi\left(\frac{a - 0,5 - \mu}{\sigma}\right)$$

Merke: Es wird hier eine diskrete Verteilung durch eine stetige Verteilung approximiert, deswegen muss eine Stetigkeitskorrektur durchgeführt werden, die je nach Aufgabenstellung $\pm$ 0,5 beträgt.

Beispiel

Ein Drittel aller Ehepaare sind im Mittel kinderlos. X sei die Anzahl der kinderlosen Paare unter 120 zufällig ausgewählten. Grundlegend handelt es sich hierbei um eine Binomialverteilung mit den Parametern $n = 120$ und $p = 1/3$. Mit welcher Wahrscheinlichkeit befinden sich darunter

1. nicht mehr als 48 kinderlose Paare?

Aus der Fragestellung geht hervor, dass die Berechnung der Einzeltreffer sehr lange dauern würde. Zudem sollte erkannt werden, dass die Laplace-Bedingung mit $\sigma \approx 5,16 > 3$ erfüllt ist. Dadurch ist eine Approximation von der Binomialverteilung durch die Normalverteilung möglich.

$$X \sim B(n,p) \approx N(\mu, \sigma^2)$$

Zur Berechnung der Normalverteilung ist es allerdings notwendig die Parameter μ und σ^2 zu kennen.

- Erwartungswert: $\mu = E(X) = n \cdot p = 120 \cdot 1/3 = 40$
- Varianz: $\sigma^2 = V(X) = n \cdot p \cdot (1-p) = 120 \cdot 1/3 \cdot (1 - 1/3) = 26,67$

Dann folgt:

$$P(X \leq 48) \approx \Phi\left(\frac{48 + 0,5 - 40}{\sqrt{26,67}}\right) = \Phi(1,65) = 0,9505$$

Die Wahrscheinlichkeit beträgt ungefähr 95,05 %.

2. mehr als 30 aber höchstens 50 kinderlose Ehepaare?

   In dieser Aufgabenstellung wird ersichtlich, dass es sich um ein Intervall handelt. Wie wir schon festgestellt haben, können wir die Binomialverteilung durch die Normalverteilung approximieren:

$$X \sim B(n,p) \approx N(\mu, \sigma^2)$$

   Den Erwartungswert und die Varianz haben wir bereits ermittelt. Dann folgt:

$$\begin{aligned} P(30 < X \leq 50) &\approx \Phi\left(\frac{50 + 0,5 - 40}{\sqrt{26,67}}\right) - \Phi\left(\frac{30 - 0,5 - 40}{\sqrt{26,67}}\right) \\ &= \Phi(2,03) - \Phi(-2,03) \\ &= \Phi(2,03) - (1 - \Phi(2,03)) \\ &= 2 \cdot \Phi(2,03) - 1 = 2 \cdot 0,9788 - 1 = 0,9576 \end{aligned}$$

   Die Wahrscheinlichkeit, dass mehr als 30 aber höchstens 50 kinderlose Ehepaare unter allen Ehepaaren befinden beträgt ungefähr 95,76 %.

Notizen

7 Hypothesentests

Hypothesentests werden immer dann durchgeführt, wenn man irgendetwas mit Hilfe von erhobenen Daten nachweisen möchte, zum Beispiel dass auf dem Oktoberfest die Maßkrüge nicht ganz vollgemacht werden. Der Grundsatz bei allen statistischen Tests ist hierbei, dass wir das Gegenteil widerlegen müssen - wir müssen also widerlegen, dass der Maßkrug tatsächlich mit einem Liter gefüllt ist.

Wir können uns diesen Grundsatz mit einer Gerichtsverhandlung vorstellen, denn wie es so schön heißt: Im Zweifel für den Angeklagten. Man geht davon aus, dass der Angeklagte unschuldig ist (ohne es genau zu wissen). Um von der Schuld des Angeklagten überzeugt zu werden, müssen ausreichend Beweise gesammelt werden, welche die Schuld ohne Zweifel darlegt. Falls nicht genug Beweise vorliegen, muss davon ausgegangen werden, dass er unschuldig ist. Wir können diesen Sachverhalt in statistischen Hypothesen zusammenfassen:

- H_0: Der Angeklagte ist unschuldig.
- H_1: Der Angeklagte ist schuldig.

Es stehen sich damit zwei einander widersprechende Behauptungen / Vermutungen (sog. Hypothesen) gegenüber. Die Nullhypothese H_0, die geprüft werden soll und ihre logische Verneinung, die Alternativ- bzw. Gegenhypothese H_1. Die Begriffe sind hierbei so zu verstehen, dass geprüft wird, ob H_1 bewiesen werden kann, man also bei ergebnisloser Suche weiter H_0 als gültig erachtet. Der Hypothesentest dient nun dazu anhand des Ergebnisses einer Stichprobe zu einer Entscheidung darüber zu kommen, welche der beiden Hypothesen man eher zu glauben bereit ist oder anders ausgedrückt: welche der beiden Hypothesen angenommen (bzw. beibehalten) und welche verworfen wird.

Eine 100%-ige Sicherheit, dass die angenommene Hypothese auch tatsächlich wahr ist, kann der Hypothesentest naturgemäß niemals bieten, da wir von einer Stichprobe auf die Grundgesamtheit schließen.

Zur Berechnung der Wahrscheinlichkeiten eines solchen Tests benutzt man die Binomialverteilung.

7.1 Übersicht

In diesem Abschnitt wollen wir euch eine grobe Übersicht zum Thema Testen geben. Dabei sei die Aussage: 30% lieben Mathe, welche unsere H_0 Hypothese sein soll. Mit Hilfe des Stichprobenumfangs $n = 100$ (100 Schüler wurden befragt) und der Wahrscheinlichkeit $p = 0,3$ kann die Wahrscheinlichkeitsverteilung dargestellt werden. Der höchste Wert der Verteilung entspricht dabei immer dem Erwartungswert. Die folgende Abbildung zeigt uns, welcher Test infolge der Aufgabenstellung durchgeführt werden soll und wie die Gegenhypothese H_1 lauten muss.

Aussage: **30% lieben Mathe!**

↳ Nullhypothese: $H_0\colon p_0 = 0,3$

Stichprobenumfang: $n = 100$

Wahrscheinlichkeit: $p = 0,3$

Erwartungswert: $\mu = 30$

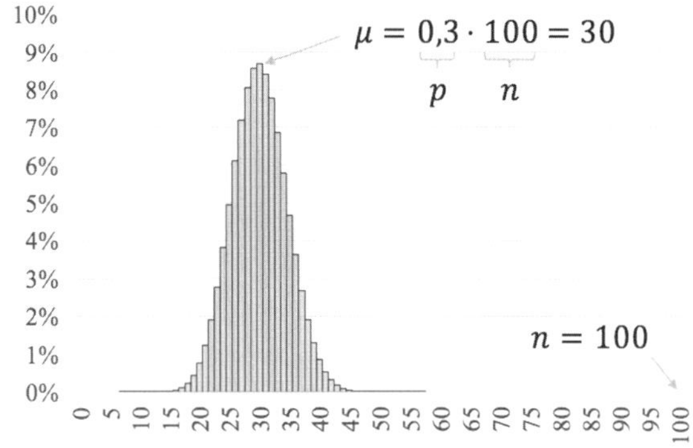

	Alternativtest	Linksseitiger Hypothesentest	Rechtsseitiger Hypothesentest	Beidseitiger Hypothesentest
mögliche Aufgaben-stellung:	„...jemand sagt, dass 40% Mathe lieben..."	„...ob weniger als 30%..."	„...ob mehr als 30%..."	„...ob sich die 30% geändert haben..."
Gegen-hypothese:	$H_1\colon p_1 = 0,4$	$H_1\colon p_1 < 0,3$	$H_1\colon p_1 > 0,3$	$H_1\colon p_1 \neq 0,3$

Behauptet jemand etwas anderes, zum Beispiel das 40% Mathe lieben anstatt 30%, wird ein Alternativtest durchgeführt. Neben dem Alternativtest gibt es noch den einseitigen Hypothesentest, der links- oder rechtsseitig sein kann und den beidseitigen Hypothesentest.

In den nächsten Abschnitten werden wir sehen, wie solche Hypothesen aufgestellt werden, was es mit diesen Fehlern auf sich hat und wie wir Hypothestentests mit σ-Regeln und der Tabelle der Normalverteilung durchführen.

7.2 Aufstellen der Hypothesen

Bevor ein Hypothesentest durchgeführt werden kann, müssen die Hypothesen bestimmt werden. Wir unterscheiden folgende Hypothesentest-Arten:

Alternativtest:	$H_0 : p = p_0$ gegen $H_1 : p = p_1$
Einseitiger Signifikanztest:	$H_0 : p \leq p_0$ gegen $H_1 : p > p_0$ $H_0 : p \geq p_0$ gegen $H_1 : p < p_0$
Zweiseitiger Signifikanztest:	$H_0 : p = p_0$ gegen $H_1 : p \neq p_0$

Woran erkennt man, was die H_0-Hypothese und was die H_1 Hypothese ist? Merke beim Signifikanztest (gilt nicht für Alternativtest):

1. In der H_1-Hypothese steht niemals ein $=$, $\leq$ oder $\geq$.
2. Wenn in der Aufgabe das Wort *höchstens* ($\leq$) auftaucht, dann wissen wir, dass das die H_0-Hypothese kennzeichnet und wir einen rechtsseitigen Hypothesentest durchführen.
3. Wenn in der Aufgabe das Wort *mindestens* ($\geq$) auftaucht, dann wissen wir, dass das die H_0-Hypothese kennzeichnet und wir einen linksseitigen Hypothesentest durchführen.
4. Wenn in der Aufgabe das Wort *mehr als* oder auch *größer* ($>$) auftaucht, dann wissen wir, dass das die H_1-Hypothese kennzeichnet und wir einen rechtsseitigen Hypothesentest durchführen.
5. Wenn in der Aufgabe das Wort *weniger als* oder auch *weniger* ($<$) auftaucht, dann wissen wir, dass das die H_1-Hypothese kennzeichnet und wir einen linksseitigen Hypothesentest durchführen.

Beispiel Man möchte durch einen Test nachweisen, dass Berufseinsteiger mit Masterabschluss im Durchschnitt mehr verdienen als Berufseinsteiger mit einem Bachelorabschluss. Dazu befragt man 100 Berufseinsteiger nach ihrem Abschluss und Einstiegsgehalt. Wie lautet die Null- bzw. Alternativhypothese in diesem Fall?

Da wir nachweisen wollen, dass Berufseinsteiger mit Masterabschluss ein höheres Einstiegsgehalt haben, muss diese Behauptung in die Alternativhypothese. Die Nullhypothese ist das genaue Gegenteil davon. Solange wir keinen Unterschied im Einkommen nachweisen, müssen wir annehmen, dass beide Gruppen dasselbe verdienen:

- H_0: Bachelor- und Masterabsolventen bekommen das gleiche Einstiegsgehalt.
- H_1: Masterabsolventen bekommen ein höheres Einstiegsgehalt als Bachelorabsolventen.

Mathematisch formuliert: $H_0 : \ \mu_M = \mu_B$ und $H_1 : \ \mu_M > \mu_B$ mit μ_M bzw. μ_B als durchschnittliches Einstiegsgehalt eines Masterstudenten bzw. Bachelorstudenten.

7.3 Testgröße und Stichprobenlänge

Um entscheiden zu können, welche der beiden Hypothesen angenommen und welche verworfen werden soll, plant man die Durchführung einer Stichprobe. Das heißt, man wiederholt das betreffende Zufallsexperiment n-mal unabhängig voneinander. Bei einer Umfrage werden zum Beispiel 100 Leute befragt, ob sie Mathe lieben oder nicht. Die Anzahl der Wiederholungen bezeichnet man als Länge der Stichprobe.

Das, worauf bei der Durchführung der einzelnen Versuche geachtet wird (also die Anzahl der Eintritte des betreffenden Ereignisses), nennt man die Testgröße oder Teststatistik. Sie wird manchmal mit T, oft auch mit X oder Z abgekürzt.

Bei der Stichprobe handelt es sich dabei um eine Bernoulli-Kette. Die Testgröße ist daher binomialverteilt.

Beispiel Um einen Test durchzuführen beauftragt Herr Jung den mit der Bedienung der Videokamera betrauten Mitarbeiter seines Betriebes bei den nächsten 100 von der Kamera gefilmten Lehrvideos darauf zu achten, wie viele davon einen schlechten Ton haben, und ihm das Ergebnis am Ende der Woche mitzuteilen. Was ist in diesem Fall die Stichprobenlänge und was ist bei dieser Stichprobe die Testgröße?

Lösung: Die Stichprobe hat die Länge $n = 100$ und die Testgröße ist die Anzahl der Videos mit schlechtem Ton unter den 100 Videos der Stichprobe.

7.4 Entscheidungsregel: Annahme- und Ablehnungsbereich

Die Hypothesen sind aufgestellt, die Stichprobe ist durchgeführt und wir haben die Testgröße festgelegt. Um zu einer endgültigen Entscheidung zu kommen, legen wir einen Annahme- und Ablehnungsbereich fest. Abhängig vom Wert, den die Testgröße in der Stichprobe annimmt, wird man die Richtigkeit der einen bzw. der anderen der beiden Hypothesen annehmen.

Der Annahmebereich A umfasst also die Werte zwischen 0 und n, bei denen H_0 angenommen werden soll. Im Gegensatz dazu umfasst der Ablehnungsbereich $\bar{A}$ die anderen Werte, bei denen H_0 abgelehnt bzw. verworfen werden soll.

Wenn von *Entscheidungsregel aufstellen* gesprochen wird, sollen für eine der beiden Hypothesen - üblicherweise für die Nullhypothese - Annahme- und Ablehnungsbereich festgelegt werden. Die Entscheidungsregel sollte nicht willkürlich oder nach Gefühl aufgestellt werden. Denn dann kann es passieren, dass Hypothesen zu leicht angenommen oder abgelehnt werden, was die Aussagekraft des Tests verschlechtert. Daher wird vorher ein Signifikanzniveau α festgelegt, dass die Aussagekraft des Tests sichert. Die folgende Abbildung zeigt uns, wie die Ablehnungs- und Annahmebereiche bei den verschiedenen Testarten aussehen. Für den Ablehnungsbereich bestimmt man zunächst immer den kritischen Wert k, der in der Regel abhängig von α ist und gibt dann die Bereiche an. Wie dieser kritische Wert berechnet werden kann, sehen wir in den Kapiteln zu den jeweiligen Testarten.

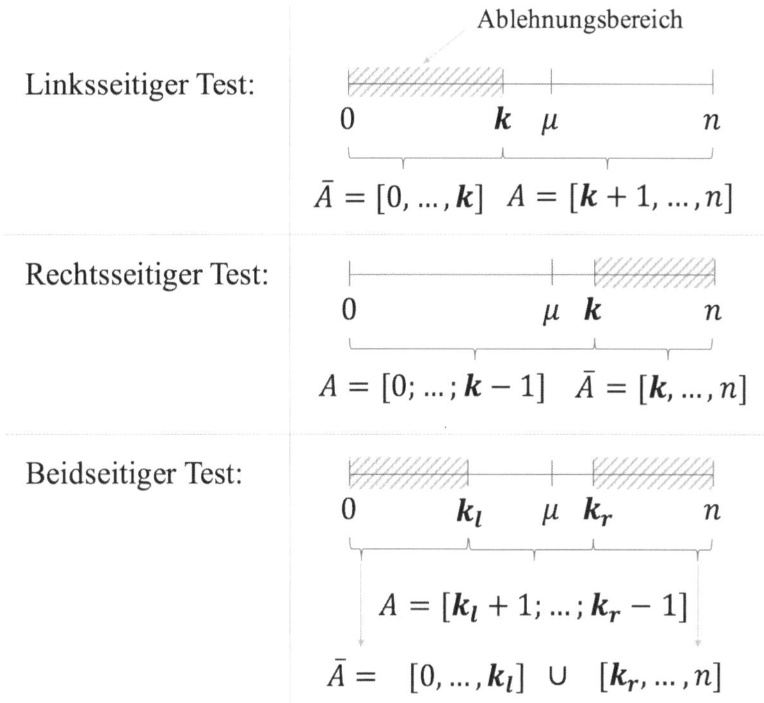

Achtung: Kommazahlenproblem, runde ich auf oder ab?

Man rundet bei beidseitigen Tests immer nach innen, man spricht auch vom *Runden zur sicheren Seite*, z.B. $k_l = 54,48$ und $k_r = 78,92$: $A = [55; 78]$. Bei einseitigen Tests muss man darauf achten, ob links- oder rechtsseitig. Zum Beispiel folgt bei einem linksseitigen Test mit $k = 9,18$ oder $k = 9,88$ der Annahmebereich $A = [10; n]$.

7.5 Wahrscheinlichkeiten bestimmen

Beim Testen von Hypothesen möchte man von einer Stichprobe auf die Grundgesamtheit schließen. Aus diesem Grund sollte die Stichprobe möglichst groß gewählt sein, um eine gute Aussage treffen zu können. Da die Testgrößen binomialverteilt sind, müssen wir zur Berechnung von Wahrscheinlichkeiten auf die Binomialverteilung zurückgreifen. Zur Erinnerung:

$$P(X \leq k) = \sum_{i=0}^{k} \binom{n}{i} \cdot p^i \cdot (1-p)^{n-i}$$

Für große Werte von k (typisch bei Hypothesentests) sollte man die Wahrscheinlichkeit nicht mehr per Hand rechnen. Hier lernt ihr zwei Möglichkeiten kennen, wie ihr leicht die jeweiligen Werte bestimmen könnt.

7.5.1 Ablesen aus der F-Tabelle

Eine einfache Möglichkeit, wenn man keinen GTR/CAS zur Hand hat oder einfach schneller sein will, ist das Ablesen aus der F-Tabelle. Diese Tabelle gibt die aufsummierten Wahrscheinlichkeiten der Binomialverteilung von 0 bis k für verschiedene n und p an und sollte in der Klausur gegeben sein. Es gibt auch eine B-Tabelle der Binomialverteilung, die die Wahrscheinlichkeit für genau k Treffer angibt.

Beispiel Wird die Wahrscheinlichkeit von $P(X \leq 2)$ mit $n = 10$ und $p = 0,1$ gesucht, schreiben wir das erstmal in die Form $F(n; p; k)$, also hier $F(10; 0,1; 2)$ und suchen uns dann die passende F-Tabelle für $n = 10$ raus. Einen Ausschnitt dieser Tabelle und wie man dann auf den richtigen Wert kommt, seht ihr in der folgenden Abbildung.

Ausschnitt einer F-Tabelle für $n = 10$

$$F(n;p;k) = B(n;p;0) + \ldots + B(n;p;k) = \binom{n}{0} p^0 (1-p)^{n-0} + \ldots + \binom{n}{k} p^k (1-p)^{n-k}$$

Gesucht:

$P(X \leq 2) = F(10; 0,1; 2)$ (mit n, p, k)

$= 0,9298 \approx 93\%$

n	k	0,02	0,05	0,08	0,1	0,15	0,2	0,25	0,3	0,5
10	0	0,8171	0,5987	0,4344	0,3487	0,1969	0,1074	0,0563	0,0282	0,0010
	1	0,9838	0,9139	0,8121	0,7361	0,5443	0,3758	0,2440	0,1493	0,0107
	2	0,9991	0,9885	0,9599	0,9298	0,8202	0,6778	0,5256	0,3828	0,0547
	3		0,9990	0,9942	0,9872	0,9500	0,8791	0,7759	0,6496	0,1719
	4		0,9999	0,9994	0,9984	0,9901	0,9672	0,9219	0,8497	0,3770
	5				0,9999	0,9986	0,9936	0,9803	0,9527	0,6230
	6					0,9999	0,9991	0,9965	0,9894	0,8281
	7						0,9999	0,9996	0,9984	0,9453
	8								0,9999	0,9893
	9									0,9990

Nicht aufgeführte Werte sind (auf 4 Dez.) 1,0000

Wichtig: Die gesuchte Wahrscheinlichkeit muss immer auf die Form $\leq$ gebracht werden! Bevor ihr also den Wert für $\geq$ oder $>$ ablesen könnt, müsst ihr das umschreiben, z.B.:

$$P(X \geq 2) = 1 - P(X \leq 1) \quad \text{oder} \quad P(X > 2) = 1 - P(X \leq 2)$$

7.5.2 mit dem GTR/CAS

Wenn ihr mit dem GTR/CAS arbeitet, braucht ihr nur den Befehl: `binomcdf`(n, p, k)! Dieser Befehl berechnet die kumulierten (aufsummierten) Wahrscheinlichkeiten der Binomalverteilung und gibt euch direkt die gesuchte Wahrscheinlichkeit an. Für das Beispiel von oben mit $P(X \leq 2)$, $n = 10$ und $p = 0,1$ bekommt ihr mit dem Befehl `binomcdf`$(10; 0,1; 2)$ direkt den gesuchten Wert.

7.6 Fehler beim Testen

Eine Hypothese kann nie mit absoluter Sicherheit bestätigt bzw. widerlegt werden, sondern immer nur mit einer gewissen Wahrscheinlichkeit. Das bedeutet, dass jede Entscheidung, die wir basierend auf einer Hypothese treffen, falsch sein kann. Meistens ist der Fehler der, dass wir vorschnell unsere Schlussfolgerung getroffen haben, oder dass wir unvollständige Informationen aus unserer Stichprobe benutzt haben, um damit eine allgemeine Aussage über die Gesamtheit zu treffen.

Denken wir dafür nochmal an das Beispiel mit dem Angeklagten, der schuldig oder unschuldig sein kann. Das Verurteilen eines Unschuldigen ist ein Fehler 1. Art und das Freisprechen eines Schuldigen ein Fehler 2. Art.

	H_0 angenommen	H_0 ablehnen
H_0 wahr	Sicherheit 1. Art	Fehler 1. Art α-Fehler
H_0 falsch	Fehler 2. Art β-Fehler	Sicherheit 2. Art

Die obige Tabelle zeigt, dass 4 Fälle auftreten können:

1. Wir lehnen H_0 ab, also nehmen H_1 an.
   a) In Wirklichkeit stimmt H_0: Hier wird H_0 fälschlicherweise abgelehnt. Dieser Fehler wird **Fehler 1. Art** genannt bzw. α-Fehler und beschreibt die Irrtumswahrscheinlichkeit. Die Wahrscheinlichkeit einen Fehler 1. Art zu begehen heißt **Signifikanzniveau** oder Irrtumswahrscheinlichkeit α.
   b) In Wirklichkeit stimmt H_1, also H_0 ist falsch: Alles ist in Ordnung, denn H_1 wird angenommen und stimmt tatsächlich. Man spricht von Sicherheit 2. Art.

2. Wir nehmen H_0 an.
   a) In Wirklichkeit stimmt H_0: Alles ist in Ordnung, denn H_0 wird angenommen und stimmt tatsächlich. Man spricht von Sicherheit 1. Art.
   b) In Wirklichkeit stimmt H_1, also H_0 ist falsch: Unsere Vermutung ist wahr (d.h. H_1, die wir ja nachweisen möchten, stimmt), aber durch den Test konnte sie nicht bestätigt werden, da wir H_0 annehmen. Dieser Fehler wird als **Fehler 2. Art** bzw. β-Fehler bezeichnet. Diese Wahrscheinlichkeit können wir nicht kontrollieren, sie ist abhängig von der Art des Tests und des Signifikanzniveaus α.

Man muss sich vor Durchführung des Tests auf ein Signifikanzniveau α festlegen, das die maximale Wahrscheinlichkeit festlegt, mit der uns so ein Fehler 1. Art passieren darf. Je sicherer wir mit unserer Entscheidung sein wollen, desto niedriger muss diese Fehlerwahrscheinlichkeit gewählt werden. In den allermeisten Fällen, sowohl in der Praxis als auch in Klausuren, ist dieser Wert festgelegt als $\alpha = 5\%$.

Im Gegensatz zum Fehler 1. Art, lässt sich die Wahrscheinlichkeit für den Fehler 2. Art in der Regel nicht einfach berechnen. Man kann diesen ausschließlich berechnen, wenn man für die Alternativhypothese eine andere Wahrscheinlichkeit als für H_0 annimmt.

Im Allgemeinen gilt: Je kleiner die Wahrscheinlichkeiten für einen Fehler der 1. und 2. Art, desto besser.

Wichtig: Man kann H_0 nie beweisen, sondern nur H_1. Aus diesem Grund ist es wichtig, dass man die Hypothesen richtig herum formuliert: Der Fall, den man nachweisen möchte, kommt in die Alternativhypothese. Die Metapher mit der Gerichtsverhandlung ist eine hilfreiche Eselsbrücke, um sich an dieses Vorgehen zu erinnern.

Beispiel

In einer Fabrik packt eine Maschine jeweils 100g Schokolade ab.

- H_0: $\mu = 100$g (die Maschine arbeitet korrekt)
- H_1: $\mu \neq 100$g (die Maschine arbeitet nicht korrekt)

μ ist dabei das durchschnittliche Gewicht der Packungen. Betrachten wir nun, welche Fehler bei unseren Hypothesen auftreten können.

1. Bei einem Fehler 1. Art, wird die Nullhypothese (H_0) abgelehnt, trotz der Tatsache, dass sie stimmt. Für unser Beispiel würde dies bedeuten, dass die Maschine zwar korrekt arbeiten würde (daher $\mu = 100$g), wir in unserer Stichprobe feststellen würden, dass das Durchschnittsgewicht $\mu \neq 100$g ist.

2. Beim Fehler 2. Art passiert genau das Gegenteil: die Maschine arbeitet nicht korrekt, sie packt also nicht ein Durchschnittsgewicht von 100g Schokolade ab, unsere Stichprobe zeigt dies allerdings nicht an. Laut ihr arbeitet die Maschine korrekt.

Wir können natürlich auch eine richtige Entscheidung gemäß unserer Stichprobe fällen.

Was passiert aber, wenn unsere Stichprobe aussagt, dass unsere Nullhypothese falsch sei, weil $\mu \neq 100$g ist? Wie wirkt sich das auf den Fehler aus, wenn das Durchschnittsgewicht tatsächlich 100g ist und wenn es nicht 100g ist?

1. Wenn $\mu = 100$g ist, ist die Nullhypothese wahr. Lehnen wir sie ab, begehen wir einen Fehler 1. Art.

2. Wenn $\mu \neq 100$g ist, ist die Nullhypothese falsch. Wenn wir sie ablehnen, treffen wir die richtige Entscheidung.

7.7 Alternativtest

Wie wir bereits in der Übersicht kennengelernt haben, gibt es neben den einseitigen und beidseitigen Hypothesentests auch einen Alternativtest. Charakteristisch ist, dass nicht gesagt wird, dass die Nullhypothese sich verringert, erhöht oder verändert hat, sondern, dass eine alternative Aussage gegeben ist. Um das zu verstehen, schauen wir uns das an einem Beispiel an.

Beispiel Frau Wanka sagt, dass 10% aller Schüler mit Videos lernen. Daniel ist anderer Meinung und behauptet, dass 30% aller Schüler mit Videos lernen. Sie beschließen, dass wenn mindestens 3 Schüler mit Videos lernen, die Hypothese von Daniel stimmt. Am Nachmittag fährt Daniel in die Remscheider City und fragt 10 Schüler, ob sie mit Videos lernen. Schreiben wir uns diese Informationen mal auf:

	$A = [0;1;2]$ Entscheidung für H_0	$\bar{A} = [3;\ldots;10]$ Entscheidung für H_1
$p_0 = 0{,}1$ stimmt	Sicherheit 1. Art $P(x \leq 2) = F(10;0{,}1;2)$ $\approx 93\%$	Fehler 1. Art (α-Fehler) $P(x \geq 3) = 1 - P(x \leq 2)$ $= 1 - F(10;0{,}1;2) \approx 7\%$
$p_1 = 0{,}3$ stimmt	Fehler 2. Art (β-Fehler) $P(x \leq 2) = F(10;0{,}3;2)$ $\approx 38{,}3\%$	Sicherheit 2. Art $P(x \geq 3) = 1 - P(x \leq 2)$ $= 1 - F(10;0{,}3;2) \approx 61{,}7\%$

- Nullhypothese $H_0: \ p_0 = 0{,}1$ und Alternativhypothese $H_1: \ p_1 = 0{,}3$
- Testgröße X: Anzahl der Videolerner; Stichprobe: $n = 10$
- Annahmebereich: $A = [0;1;2]$, Ablehnungsbereich: $\bar{A} = [3;4;5;6;7;8;9;10]$

Der Fehler 1. Art wird im Ablehnungsbereich von H_0 bestimmt mit der Wahrscheinlichkeit von H_0. Die Wahrscheinlichkeit beträgt 7%, dass H_0 abgelehnt wird, obwohl H_0 tatsächlich stimmt. Der Fehler 2. Art wird im Annahmebereich von H_0 bestimmt mit der Wahrscheinlichkeit von H_1. Mit einer 38,3%-igen Wahrscheinlichkeit entscheiden wir uns für H_0, obwohl H_1 in Wirklichkeit stimmt.

7.8 Hypothesentest mit σ-Regeln

Die σ-Regeln beziehen sich auf die Standardnormalverteilung. Sie geben an, wie viel Prozent der Fläche unter der Glockenkurve im Bereich von 1, 2 oder 3 Standardabweichungen links und rechts vom Mittelwert liegt.

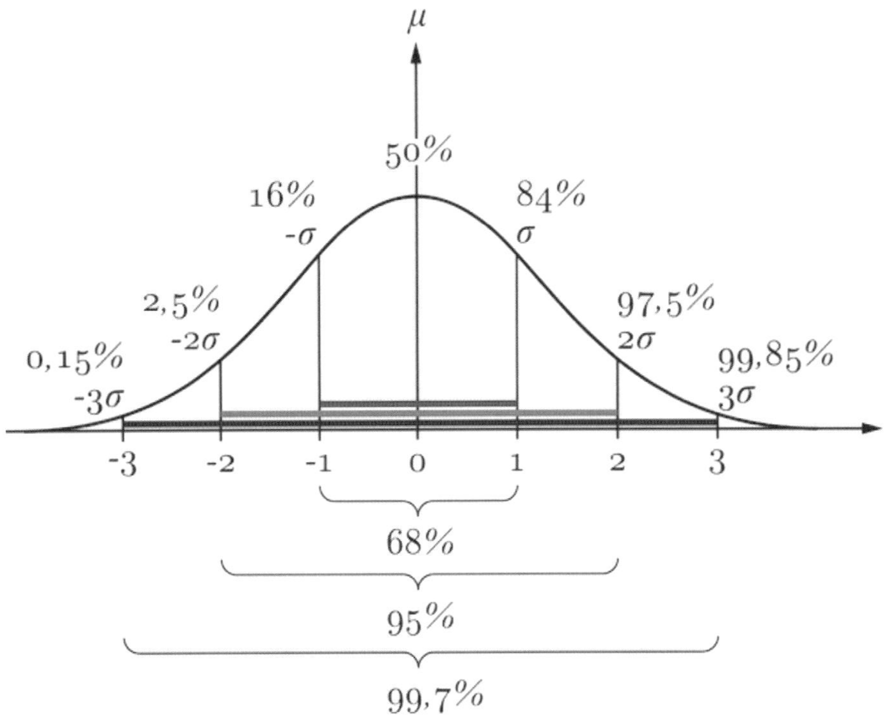

Ungefähr 68% der Werte liegen innerhalb einer Standardabweichung vom Mittelwert. Ebenso liegen ungefähr 95% der Werte innerhalb von zwei Standabweichungen vom Mittelwert. Und ca. 99,7% der Werte befinden sich innerhalb von drei Standardabweichungen vom Mittelwert.

Die Standardabweichung bei der Binomialverteilung berechnet sich wie folgt:

$$X \sim B(n; p): \quad \sigma = \sqrt{n \cdot p \cdot (1-p)}.$$

Was hat man davon?

Ist die Streuung groß genug (Laplace-Bedingung: $\sigma > 3$), so lässt sich die entsprechende Binomialverteilung brauchbar durch die Normalverteilung annähern und wir dürfen für den Ablehnungs- und Annahmebereich die σ-Umgebung verwenden.

7.8.1 Vorgehensweise

1. Hypothesen H_0 und H_1 aufstellen.

2. Entscheiden, ob eins- oder zweiseitiger Hypothesentest vorliegt.

Rechtsseitiger Test:	$H_0 : p \leq p_0$ gegen $H_1 : p > p_0$
Linksseitiger Test:	$H_0 : p \geq p_0$ gegen $H_1 : p < p_0$
Beidseitger Test:	$H_0 : p = p_0$ gegen $H_1 : p \neq p_0$

3. Erwartungswert berechnen: $\mu = n \cdot p$

4. Standardabweichung berechnen: $\sigma = \sqrt{n \cdot p \cdot (1-p)}$

5. Vorgegebene Irrtumswahrscheinlichkeit beachten.

α	10%	5%	2,5%	1%
z_α	1,28	1,64	1,96	2,33

6. Entscheidungsregel aufstellen: Annahme- (A) und Ablehnungsbereich ($\overline{A}$) mit der σ-Regel bestimmen

$$\begin{aligned} \text{Zweiseitiger Test:} \quad & A = \left[\mu - z_{\frac{\alpha}{2}} \cdot \sigma;\ \mu + z_{\frac{\alpha}{2}} \cdot \sigma\right] \\ \text{Linksseitiger Test:} \quad & \overline{A} = [0;\ \mu - z_\alpha \cdot \sigma] \\ \text{Rechtsseitiger Test:} \quad & \overline{A} = [\mu + z_\alpha \cdot \sigma;\ n] \end{aligned}$$

   In der Entscheidungsregel werden durch Vorgabe eines Signifikanzniveaus Ablehnungsbereich und Annahmebereich festgelegt. Das Signifikanzniveau ist dabei die Gegenwahrscheinlichkeit zur Sicherheitswahrscheinlichkeit.

7. Testentscheidung anhand der gegebenen Stichprobe n.

8. Fehler 1. Art berechnen und im Sachzusammenhang beschreiben.

9. Fehler 2. Art berechnen und im Sachzusammenhang beschreiben.

7.8.2 Beidseitiger Hypothesentest

Beim zwei- bzw. beidsetigen Hypothesentest lauten die Hypothesen allgemein

$$H_0 :\ p = p_0; \quad H_1 :\ p \neq p_0.$$

Wichtig: Bei einem beidseitigen Hypothesentest werden sowohl die linke als auch die rechte Seite hinsichtlich des Ablehnungsbereichs betrachtet. Wenn in Summe 10% abgelehnt werden sollen, müssen diese Prozente auf den linken und rechten Bereich aufgeteilt werden. Was das bedeutet sehen wir im folgenden Beispiel, wenn das Signifikanzniveau $\alpha = 5\%$ lauten würde.

Beidseitiger Test

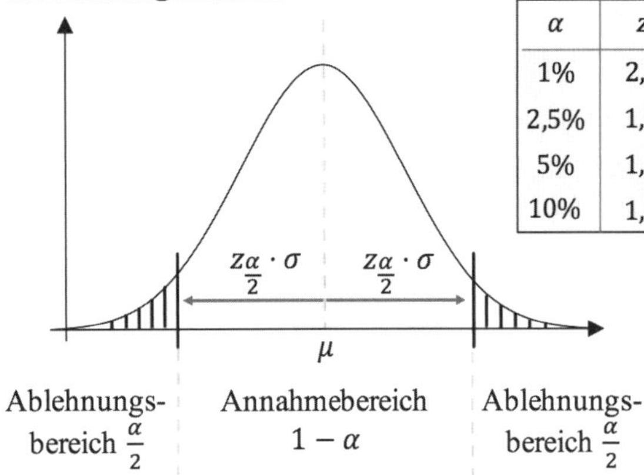

α	z_α
1%	2,33
2,5%	1,96
5%	1,64
10%	1,28

Wenn $\alpha = 5\%$ ist, verwenden wir nicht $z_{0,05} = 1{,}64$ sondern den Wert für $\alpha = 2{,}5\%$, also $z_{0,025} = 1{,}96$.

Warum? Weil sich der Ablehnungsbereich i.H.v. 5% links und rechts aufteilt! In Summe lehnen wir natürlich 2,5%+2,5%=5% ab.

Der Annahmebereich würde lauten:
$A = [\mu - 1{,}96\sigma; \mu + 1{,}96\sigma]$

Beispiel

Es werden Fußballfans in einer Stadt betrachtet. Dabei seien 20% Fans der Mannschaft A. Wir nehmen nun eine Stichprobe von 158 Fußballfans (Signifikanzniveau: 5%).

In der Stichprobe befinden sich 43 Fußballfans der Mannschaft A und 115 der Mannschaft B. Kann H_0 verworfen werden?

Berechne zudem die Wahrscheinlichkeit für den Fehler 1. und 2. Art, wenn der tatsächliche Anteil der Fußballfans 30% beträgt.

Wir arbeiten hierfür das allgemeine Vorgehen ab:

1. Hypothesen aufstellen: $H_0: \ p = 0,2; \ H_1: \ p \neq 0,2$

2. Wir erkennen, dass es sich um einen beidseitigen Hypothesentest handelt.

3. Erwartungswert berechnen: $\mu = n \cdot p = 158 \cdot 0,2 = 31,6$

4. Standardabweichung berechnen und Laplace-Bedingung prüfen:

$$\sigma = \sqrt{n \cdot p \cdot (1-p)} = \sqrt{158 \cdot 0,2 \cdot (1-0,2)} = 5,03 > 3 \quad \checkmark$$

5. Vorgegebenes Signifikanzniveau beachten:
   - $\alpha = 0,05$ als Irrtumswahrscheinlichkeit
   - $1 - \alpha = 0,95$ als Sicherheitswahrscheinlichkeit
   - $z_{\frac{\alpha}{2}}$, da ein zweiseitiger Hypothesentest vorliegt

   Diesen Wert können wir in den Quantilen der Standardnormalverteilung ablesen.

6. Annahme- und Ablehnungsbereich mit den σ-Regeln bestimmen:

$$A = \left[\mu - z_{\frac{\alpha}{2}} \cdot \sigma, \mu + z_{\frac{\alpha}{2}} \cdot \sigma\right]$$

mit $\sigma = 5,03$, $\mu = 31,6$ und $z_{\frac{\alpha}{2}} = 1,96$ folgt

$$A = [31,6 - 1,96 \cdot 5,03;\ 31,6 + 1,96 \cdot 5,03] = [22;41]\,.$$

Der Ablehnungsbereich lautet demnach

$$\overline{A} = [0;21] \cup [42;158]\,.$$

7. Entscheidungsregel aufstellen:

H_0 wird verworfen, wenn höchstens 21 oder mindestens 42 Personen Fußballfans der Mannschaft A sind. Graphisch können wir uns die Entscheidungsregel auch folgendermaßen vorstellen.

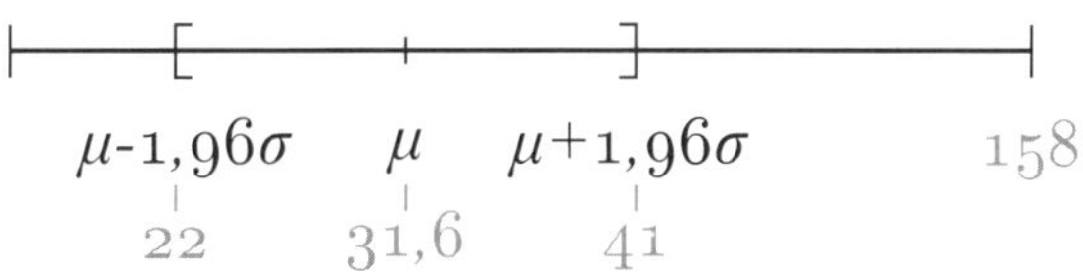

8. Testentscheidung anhand der gegebenen Stichprobe n:

In der Aufgabe steht, dass sich in der Stichprobe 43 Fußballfans befinden, was bedeutet, dass dieser Wert nicht in den Annahmebereich fällt, sondern in den Ablehnungsbereich.

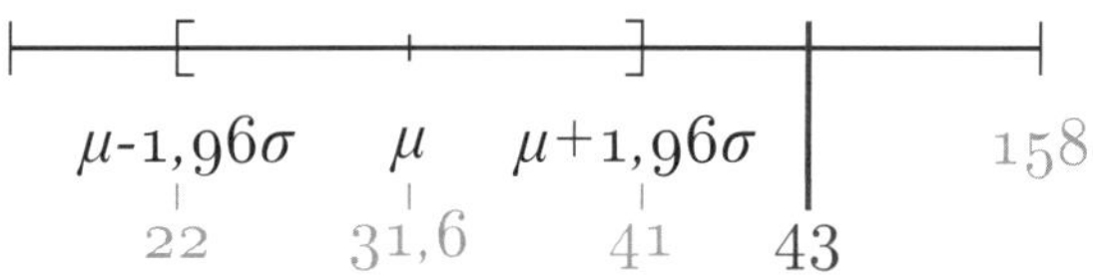

Die Stichprobe liefert das Ergebnis, dass H_0 verworfen werden kann, da die Testgröße mit 43 Fußballfans der Mannschaft A im Ablehnungsbereich liegt und H_1 angenommen wird.

9. Fehler 1. Art und 2. Art:

Jemand behauptet, dass der tatsächliche Anteil Fußball Fans bei 30% liegt, also liegt hier ein Alternativtest vor und wir können den Fehler 1. und 2. Art berechnen. Im Sachzusammenhang beschreibt der Fehler 1. Art die Wahrscheinlichkeit, dass die Hypothese „20% der Fußballfans sind Anhänger von Mannschaft A" verworfen wird, obwohl sie richtig ist. Diese war im Aufgabentext gegeben und beträgt $\alpha = 5\%$.

Der Fehler 2. Art bedeutet, dass eine Hypothese angenommen wird obwohl diese falsch ist. Die Berechnung erfolgt über

$$P(22 \leq X \leq 41) = F(158; 0,3; 41) - F(158; 0,3; 21)$$

und kann mit dem Taschenrechner oder mit der Tabelle gelöst werden. Da es keine Tabelle für $n = 158$ gibt und die Laplace-Bedingung erfüllt ist, können wir die Binomialverteilung durch die Normalverteilung approximieren. Da eine Approximation von der Binomialverteilung (diskret) zur Normalverteilung (stetig) vorliegt, müssen Stetigkeitskorrekturen beachtet werden. Es folgt:

$$P(a \leq X \leq b) \approx \Phi\left(\frac{b + 0,5 - np}{\sqrt{np(1-p)}}\right) - \Phi\left(\frac{a - 0,5 - np}{\sqrt{np(1-p)}}\right)$$

$$\Rightarrow \quad P(22 \leq X \leq 41) \approx \Phi\left(\frac{41 + 0,5 - 47,4}{\sqrt{5,76}}\right) - \Phi\left(\frac{22 - 0,5 - 47,4}{\sqrt{5,76}}\right)$$

$$\begin{aligned} &= \Phi(-1,02) - \Phi(-4,5) \\ &= 1 - \Phi(1,02) - (1 - \Phi(4,5)) \\ &= 0,1539 \approx 15,39\% \end{aligned}$$

Zu 15,39% wird die H_0 Hypothese angenommen, obwohl diese falsch ist. Das heißt, dass zu 15,39% angenommen wird, dass der Anteil der Fußballfans 20% beträgt, obwohl dies nicht der Wahrheit entspricht.

7.8.3 Einseitiger Hypothesentest

Wenn es bei einem Hypothesentest lediglich darum geht, ob sich die Wahrscheinlichkeit eines Ereignisses in eine Richtung geändert hat, handelt es sich um einen einseitigen Hypothesentest.

Wenn man vermutet, dass die Wahrscheinlichkeit kleiner ist als bislang angenommen, spricht man von einem linksseitigen Hypothesentest bzw. Signifikanztest. Vermutet man eine größere Wahrscheinlichkeit des Ereignisses, spricht man von einem rechtsseitigen Signifikanztest.

Linksseitiger Hypothesentest

Bei einem linksseitigen Hypothesentest sprechen kleine Werte der Zufallsvariablen gegen die Hypothese, also Werte, die links auf dem Zahlenstrahl bzw. links vom Erwartungswert liegen.

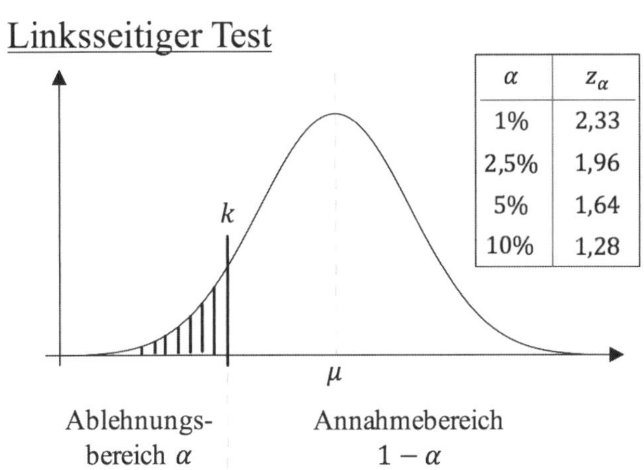

α	z_α
1%	2,33
2,5%	1,96
5%	1,64
10%	1,28

Wenn $\alpha = 5\%$ ist, verwenden wir $z_{0,05} = 1{,}64$.

Warum? Weil sich der Ablehnungsbereich i.H.v. 5% nur auf den linken Bereich bezieht und nicht aufgeteilt werden muss.

Der Ablehnungsbereich würde lauten:
$\bar{A} = [0; \mu - 1{,}64\sigma]$

Beispiel

Bei der letzten Wahl hat ein Kandidat 40% der abgegebenen Stimmen erhalten. Um zu prüfen, ob er seinen Stimmenanteil zumindest gehalten hat, wird einige Zeit vor der nächsten Wahl eine Umfrage durchgeführt. Von 100 Personen geben nur 34 an, dass sie diesen Kandidaten wählen werden. Kann man hieraus mit der Irrtumswahrscheinlichkeit 5% schließen, dass der Stimmenanteil des Kandidaten gesunken ist?

1. Hypothesen aufstellen: $H_0: \ p \geq 0,4;\ H_1: p < 0,4$

   Text genau lesen! "mindestens 40% der Stimmen erhalten..." ist unsere Nullhypothese.

2. Wir erkennen, dass es sich um einen linksseitigen Hypothesentest handelt.

3. Erwartungswert berechnen: $\mu = n \cdot p = 100 \cdot 0,4 = 40$
4. Standardabweichung berechnen und Laplace-Bedingung prüfen:
$$\sigma = \sqrt{n \cdot p \cdot (1-p)} = \sqrt{100 \cdot 0,4 \cdot (1-0,4)} = 4,898 > 3 \quad \checkmark$$
5. Signifikanzniveau beachten:
   - $\alpha = 0,05$ als Irrtumswahrscheinlichkeit
   - $1 - \alpha = 0,95$ als Sicherheitswahrscheinlichkeit
   - z_α, da ein einseitiger Hypothesentest vorliegt

   Diesen Wert können wir in den Quantilen der Standardnormalverteilung ablesen.
6. Annahme- und Ablehnungsbereich mit den σ-Regeln bestimmen. Allgemein gilt:
$$\overline{A} = [0;\ \mu - z_\alpha \cdot \sigma]$$
   Den Erwartungswert und die Standardabweichung kennen wir. Aus den Quantilen der Standardnormalverteilung folgt für $z_\alpha = 1,6449$. Einsetzen und wir bekommen (abgerundet, da linksseitig) den Ablehnungs- und Annahmebereich:
$$\overline{A} = [0; 31] \quad \text{und} \quad A = [32; 100]$$
7. Entscheidungsregel aufstellen

   H_0 wird verworfen, wenn höchstens 31 Personen den Kandidaten wählen.
8. Testentscheidung anhand der gegebenen Stichprobe n

   In der Aufgabe steht, dass 34 Personen angaben, dass sie den Kandidaten wählen werden. Die Stichprobe liefert das Ergebnis, dass H_0 nicht verworfen werden kann, also beibehalten wird, da sich der Wert der Stichprobe im Annahmebereich befindet und nicht im Ablehnungsbereich.
9. Fehler 1. Art definieren und im Folgenden berechnen/beschreiben im Sachzusammenhang

   Der Fehler 1. Art bedeutet, dass eine wahre Hypothese verworfen wird und diesen kann man Signifikanzniveau/Irrtumswahrscheinlichkeit, hier 5%, ablesen. Das heißt, dass die H_0 Hypothese zu 5% irrtümlich abgelehnt wird.

Rechtsseitiger Hypothesentest

Bei einem rechtsseitigen Hypothesentest sprechen große Werte der Zufallsvariablen gegen die Hypothese, also Werte, die rechts auf dem Zahlenstrahl bzw. rechts vom Erwartungswert liegen.

Rechtsseitiger Test

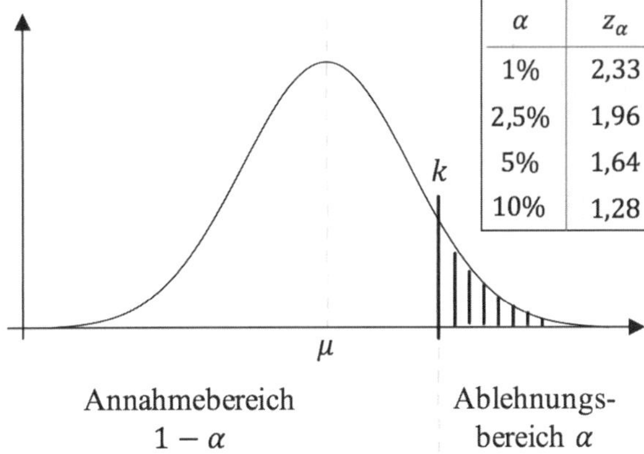

α	z_α
1%	2,33
2,5%	1,96
5%	1,64
10%	1,28

Wenn $\alpha = 5\%$ ist, verwenden wir $z_{0,05} = 1{,}64$.

Warum? Weil sich der Ablehnungsbereich i.H.v. 5% nur auf den rechten Bereich bezieht und nicht aufgeteilt werden muss.

Der Ablehnungsbereich würde lauten:
$\bar{A} = [\mu + 1{,}64\sigma; n]$

Beispiel

In einer Limonaden-Fabrik werden Flaschen abgefüllt und verschlossen. Dabei werden nicht alle Flaschen ordnungsgemäß verschlossen. Stündlich werden 100 Flaschen kontrolliert. Erfahrungsgemäß werden nicht mehr als 20% der Flaschen falsch verschlossen. In einer Stichprobe werden 25 Flaschen gefunden, die falsch verschlossen sind.

1. Wie viele falsch verschlossene Flaschen dürfen höchstens in der Kontrolle gefunden werden? (Irrtumswahrscheinlichkeit = 5%)
2. Berechne den Fehler 2. Art, wenn tatsächlich 30% der Flaschen falsch verschlossen werden.

Zur Lösung der Aufgabe arbeiten wir das bekannte Vorgehen ab:

1. Hypothesen aufstellen: $H_0: \ p \leq 0,2; \ H_1: p > 0,2$

   Text genau lesen! " höchstens 20% der Flaschen falsch verschlossen..." ist unsere Nullhypothese.

2. Wir erkennen, dass es sich um einen rechtsseitigen Hypothesentest handelt.
3. Erwartungswert berechnen: $\mu = n \cdot p = 100 \cdot 0,2 = 20$
4. Standardabweichung berechnen und Laplace-Bedingung prüfen:

$$\sigma = \sqrt{n \cdot p \cdot (1-p)} = \sqrt{100 \cdot 0,2 \cdot (1-0,2)} = 4 > 3 \quad \checkmark$$

5. Signifikanzniveau beachten:
   - $\alpha = 0,05$ als Irrtumswahrscheinlichkeit
   - $1 - \alpha = 0,95$ als Sicherheitswahrscheinlichkeit
   - z_α, da ein einseitiger Hypothesentest vorliegt

Diesen Wert können wir in den Quantilen der Standardnormalverteilung ablesen.

6. Annahme- und Ablehnungsbereich mit den σ-Regeln bestimmen. Allgemein gilt:

$$\overline{A} = [\mu + z_\alpha \cdot \sigma;\ n]$$

Den Erwartungswert und die Standardabweichung kennen wir. Aus den Quantilen der Standardnormalverteilung folgt für $z_\alpha = 1,6449$. Einsetzen und wir bekommen (aufgerundet, da rechtsseitig) den Ablehnungs- und Annahmebereich:

$$\overline{A} = [27; 100] \quad \text{und} \quad A = [0; 26]\,.$$

7. Entscheidungsregel aufstellen

H_0 wird verworfen, wenn mehr als 26 Flaschen falsch verschlossen sind.

8. Testentscheidung anhand der gegebenen Stichprobe n

In der Aufgabe steht, dass in der Stichprobe 25 Flaschen gefunden worden sind, die falsch verschlossen waren. Das bedeutet, dass dieser Wert in den Annahmebereich fällt. Die Stichprobe liefert das Ergebnis, dass H_0 nicht verworfen werden kann, also beibehalten wird, da sich der Wert der Stichprobe im Annahmebereich befindet.

9. Fehler 1. Art berechnen und im Sachzusammenhang beschreiben.

Der Fehler 1. Art bedeutet, dass eine wahre Hypothese verworfen wird und diesen man am Signifikanzniveau ablesen kann. Das heißt, dass die H_0 Hypothese zu 5% irrtümlich abgelehnt wird.

10. Fehler 2. Art berechnen und im Sachzusammenhang beschreiben.

Der Fehler 2. Art bedeutet, dass eine Hypothese angenommen wird obwohl diese in Wirklichkeit falsch ist. Wir berechnen den Fehler 2. Art wie gewohnt:

$$\begin{aligned}\beta = P(X \leq 26) &\approx \Phi\left(\frac{26 + 0,5 - 100 \cdot 0,3}{\sqrt{100 \cdot 0,3 \cdot (1 - 0,3)}}\right) = \Phi(-0,7637) \\ &= 1 - \Phi(0,76) = 1 - 0,7764 \approx 22,36\%\end{aligned}$$

Der Test fällt zu 22,36% in den Annahmebereich, obwohl mehr als 20% (nämlich 30%) falsch verschlossene Flaschen in der Stichprobe zu finden sind.

7.9 Hypothesentest mit Ablesen aus Tabelle

Falls ihr, aus welchem Grund auch immer, die σ-Regeln nicht verwenden dürft, gibt es noch die Möglichkeit Hypothesentests mit Hilfe von Tabellen zu bearbeiten. Was ihr in diesem Kapitel also bereits können solltet ist das Ablesen von Werten in der F-Tabelle bzw. falls ihr diese Tabellen selbst mit eurem GTR/CAS erzeugen müsst, wie man sie mit Hilfe des Befehls `binomcdf` anzeigen lassen kann. Wir gehen jetzt nur auf das reine Ablesen aus der Tabelle ein, da es im Grunde genommen genau das Gleiche ist, wie wenn ihr sie vorher mit dem Taschenrechner erzeugt.

Wo liegt der Unterschied zum Umgang mit den σ-Regeln? Beim Aufstellen der Entscheidungsregel, also wie der Annahme- und Ablehnungsbereich bestimmt wird. Das ist hier etwas umständlicher. Der restliche Ablauf ist identisch.

7.9.1 Linksseitiger Hypothesentest

Vorgehen:

1. Hypothesen aufstellen: $H_0 : p \geq p_0$; $H_1 : p < p_0$
2. Festlegung des Stichprobenumfangs n und des Siginifikanzniveaus α
3. Bestimmung des Ablehnungsbereiches: $\overline{A} = [0; k]$

   Es muss gelten: $P(X \leq k) \leq \alpha$
4. Entscheidungsregel: Liegt der Stichprobenumfang in $\overline{A}$, wird H_0 verworfen, ansonsten wird H_0 beibehalten.

Beispiel Es wird behauptet, dass mindestens 30% der Schüler bei ihrer Mathe-Abi-Klausur spicken. Um diese These zu überprüfen, werden 100 Schüler einer Schule befragt. Das Signifikanzniveau beträgt $\alpha = 5\%$. Leite eine Entscheidungsregel her.

Zunächst stellen wir die Hypothesen auf. Das Signalwort im Aufgabentext ist *mindestens*, so dass wir direkt wissen, dass die Hypothesen wie folgt lauten:

$$H_0 : p_0 \geq 0,3; \quad \text{und} \quad H_1 : p_1 < 0,3$$

Aus dem Aufgabentext können wir ebenfalls entnehmen, dass der Stichprobenumfang $n = 100$ ist und das Signifikanzniveau bei 5% liegt. Die Irrtumswahrscheinlichkeit ist sehr wichtig, denn sie legt den kritischen Wert fest, ab wann wir die Nullhypothese annehmen. Zur Veranschaulichung ist die Funktion der Binomialverteilung nochmal grafisch dargestellt. Es gilt jetzt also den kritischen Wert mit Hilfe der passenden F-Tabelle (das war die mit den kumulierten Wahrscheinlichkeiten) zu bestimmen. Der passende Ausschnitt, den ihr in der Klausur selbst heraussuchen müsst, ist ebenfalls dargestellt. Er zeigt die F-Tabelle für $n = 100$ für die Wahrscheinlichkeit $p = 0,3$.

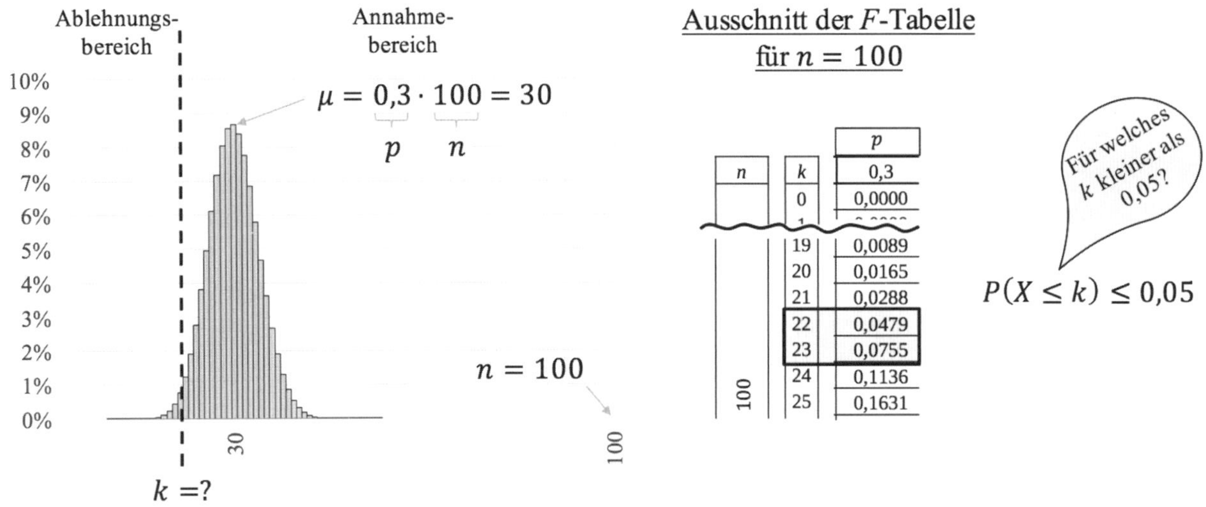

Folgende Bedingung gilt für den Ablehnungsbereich: $P(X \leq k) \leq \underbrace{0,05}_{\alpha}$.

Wir suchen in der Tabelle jetzt die Wahrscheinlichkeit, die gerade kleiner oder gleich der Irrtumswahrscheinlichkeit i.H.v. 0,05 ist. Wir sehen, dass für $k = 22$ der Wert gerade noch unter 0,05 ist, aber bei $k = 23$ wird der Wert schon überstiegen. Ihr könnt in der Klausur dann schreiben:

$$\begin{aligned} P(X \leq k) = F(100;\ 0,3\ ;k) &\leq 0,05 \\ F(100;\ 0,3\ ;22) = 0,0479 &\leq 0,05 \quad \checkmark \\ F(100;\ 0,3\ ;23) = 0,0755 &\leq 0,05 \quad ↯ \end{aligned}$$

Wir nehmen für den kritischen Wert den Wert, der so gerade unterhalb von 0,05 liegt. Daraus folgt für den Ablehnungs- und Annahmebereich:

$$\overline{A} = [0; 22] \quad \text{und} \quad A = [23; 100]$$

Denkt daran, die Entscheidungsregeln aufzustellen und auszuformulieren! Wenn von insgesamt 100 Schülern höchstens 22 sagen, dass sie spicken, dann wird die Nullhypothese verworfen. Wenn insgesamt 23 oder mehr Schüler sagen, dass sie spicken, dann wird die H_0-Hypothese beibehalten.

7.9.2 Rechtsseitiger Hypothesentest

Vorgehen:

1. Hypothesen aufstellen: $H_0 : p \leq p_0$; $H_1 : p > p_0$
2. Festlegung des Stichprobenumfangs n und des Siginifikanzniveaus α.
3. Bestimmung des Ablehnungsbereiches: $\overline{A} = [k; n]$

   Es muss gelten: $P(X \geq k) \leq \alpha \Leftrightarrow 1 - P(X \leq k-1) \leq \alpha$.
4. Entscheidungsregel: Liegt der Stichprobenumfang in $\overline{A}$, wird H_0 verworfen, ansonsten wird H_0 beibehalten.

Beispiel Es wird behauptet, dass höchstens 30% der Schüler bei ihrer Mathe-Abi-Klausur spicken. Um diese These zu überprüfen, werden 100 Schüler einer Schule befragt. Das Signifikanzniveau beträgt $\alpha = 5\%$. Leite eine Entscheidungsregel her.

Zunächst stellen wir die Hypothesen auf. Das Signalwort im Aufgabentext ist *höchstens*, so dass wir direkt wissen, dass die Hypothesen wie folgt lauten:

$$H_0 : p_0 \leq 0,3; \quad \text{und} \quad H_1 : p_1 > 0,3$$

Aus dem Aufgabentext können wir noch entnehmen, dass der Stichprobenumfang $n = 100$ ist und das Signifikanzniveau bei 5% liegt. Die Irrtungswahrscheinlichkeit ist sehr wichtig, denn sie legt den kritischen Wert fest, ab wann wir die Nullhypothese annehmen.

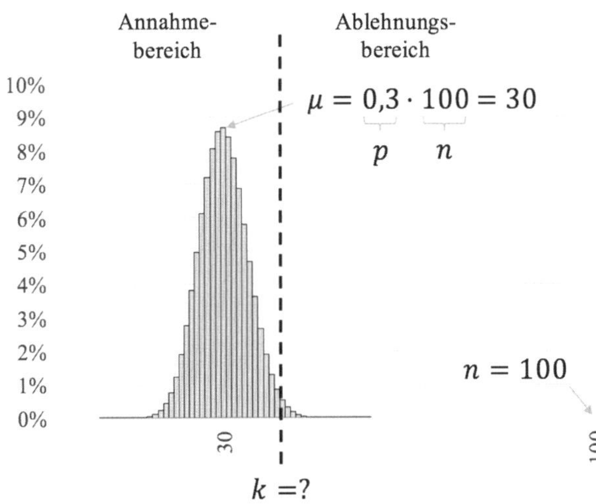

Ausschnitt der F-Tabelle
für $n = 100$

n	k	p = 0,3
	0	0,0000
100	33	0,7793
	34	0,8371
	35	0,8839
	36	0,9201
	37	0,9470
	38	0,9660
	39	0,9790
	40	0,9875

$$P(X \geq k) \leq 0,05$$
$$\Leftrightarrow 1 - P(X \leq k-1) \leq 0,05$$
$$\Leftrightarrow 0,95 \leq P(X \leq k-1)$$

Für welches k gerade größer als 0,95?

Zur Veranschaulichung ist die Funktion der Binomialverteilung nochmal grafisch dargestellt. Es gilt jetzt also den kritischen Wert mit Hilfe der F-Tabelle (das war die mit den kumulierten Wahrscheinlichkeiten) zu bestimmen. Der passende Ausschnitt, den ihr in der Klausur selbst heraussuchen müsst, ist ebenfalls dargestellt. Dieser zeigt die F-Tabelle für $n = 100$ und $p = 0,3$.

Im Gegensatz zum linksseitigen Hypothesentest müssen wir beim Festlegen des Ablehnungsbereichs etwas aufpassen, denn die Bedingung

$$P(X \geq k) \leq \underbrace{0,05}_{\alpha}$$

muss zunächst mit der Gegenwahrscheinlichkeit umgeschrieben werden. Warum? Weil wir nur mit Tabellen arbeiten, die die Wahrscheinlichkeiten von 0 bis k summieren und nicht von k bis n. Daher folgt aus der Bedingung:

$$P(X \geq k) \leq 0,05 \;\Leftrightarrow\; 1 - P(X \leq k-1) \leq 0,05 \;\Leftrightarrow\; 0,95 \leq P(X \leq k-1)$$

Wir suchen in der entsprechenden F-Tabelle den Wert, der gerade größer oder gleich 0,95 ist. Für $k = 37$ liegen wir gerade noch unter 0,95, aber bei $k = 38$ wird der Wert von 0,95 erstmalig überschritten. Das ist der Wert, mit dem wir gleich den Ablehnungsbereich bestimmen. Mathematisch könnt ihr das in der Klausur wiefolgt aufschreiben:

$$\begin{aligned}
&0,95 \leq P(X \leq k-1)\\
&0,95 \leq F(100;\ 0,3\ ;k-1)\\
&0,95 \leq F(100;\ 0,3\ ;37) = 0,947 \quad ↯\\
&0,95 \leq F(100;\ 0,3\ ;\underbrace{38}_{=k-1}) = 0,966 \quad \checkmark
\end{aligned}$$

Wir nehmen für den kritischen Wert den Wert, der so gerade oberhalb von 0,95 liegt. Jetzt müssen wir noch kurz aufpassen, denn der kritische Wert ist $k - 1 = 38$, also $k = 39$. Damit folgt für den Ablehnungs- und Annahmebereich:

$$\overline{A} = [39; 100] \quad \text{und} \quad A = [0; 38].$$

Denkt daran, die Entscheidungsregeln aufzustellen und auszuformulieren! Wenn von insgesamt 100 Schülern mindestens 39 sagen, dass sie spicken, dann wird die Nullhypothese verworfen. Wenn insgesamt 38 oder weniger Schüler sagen, dass sie spicken, dann können wir die H_0-Hypothese bestätigen.

7.9.3 Beidseitiger Hypothesentest

Vorgehen:

1. Hypothesen aufstellen: $H_0 : p = p_0$; $H_1 : p \neq p_0$
2. Festlegung des Stichprobenumfangs n und des Siginifikanzniveaus α.
3. Bestimmung des Ablehnungsbereiches: $\overline{A} = [0; k_l] \cup [k_r; n]$

   Es muss gelten: $P(X \leq k_l) \leq \alpha/2$ und $P(X \geq k_r) \leq \alpha/2$.
4. Entscheidungsregel: Liegt der Stichprobenumfang in $\overline{A}$, wird H_0 verworfen, ansonsten wird H_0 beibehalten.

Beispiel Es wird behauptet, dass sich die Quote, dass 30% der Schüler bei ihrer Mathe-Abi-Klausur spicken, geändert hat. Um diese These zu überprüfen, werden 100 Schüler einer Schule befragt. Das Signifikanzniveau beträgt $\alpha = 5\%$. Leite eine Entscheidungsregel her.

Zunächst stellen wir die Hypothesen auf. Das Signalwort im Aufgabentext ist *geändert*, so dass wir direkt wissen, dass die Hypothesen wie folgt lauten:

$$H_0 : p_0 = 0,3 \quad \text{und} \quad H_1 : p_1 \neq 0,3$$

Die restlichen Abläufe sind wie bei dem einseitigen Test. Wir machen quasi einen links- und rechtsseitigen Test in Einem. Einziger Unterschied: Wir müssen beim Signifikanzniveau α aufpassen, da es auf die beiden Ablehnungsbereiche aufgeteilt wird. Die Verteilung ist in der folgenden Abbildung mit den entsprechenden Ausschnitten der F-Tabelle dargestellt.

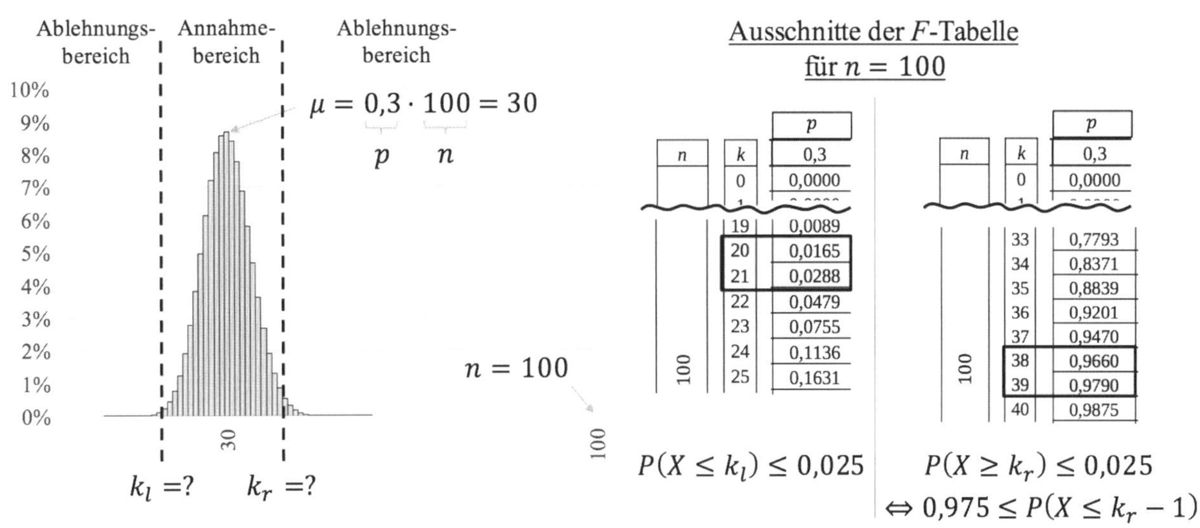

Aus den Bedingungen folgt für die kritischen Werte des Ablehnungsbereichs:

$$
\begin{aligned}
&F(100;\ 0,3\ ;k_l) \leq 0,025\\
&F(100;\ 0,3\ ;20) = 0,0165 \leq 0,025 \quad \checkmark\\
&F(100;\ 0,3\ ;21) = 0,0288 \leq 0,025 \quad \lightning
\end{aligned}
\qquad
\begin{aligned}
&0,975 \leq F(100;\ 0,3\ ;k_r-1)\\
&0,975 \leq F(100;\ 0,3\ ;38) = 0,966 \quad \lightning\\
&0,975 \leq F(100;\ 0,3\ ;\underbrace{39}_{k_r-1}) = 0,979 \quad \checkmark
\end{aligned}
$$

Wir nehmen für den kritischen Wert k_r den Wert, der so gerade oberhalb von 0,975 liegt. Jetzt müssen wir noch kurz aufpassen, denn der kritische Wert ist $k_r - 1 = 39$, also $k_r = 40$. Damit folgt für den Ablehnungs- und Annahmebereich:

$$\overline{A} = [0; 20] \cup [40; 100] \quad \text{und} \quad A = [21; 39]$$

Wenn von insgesamt 100 Schülern höchstens 20 und mindestens 40 angeben, sie spicken in der Abi-Klausur, dann würde die Hypothese abgelehnt werden. Wenn im Bereich 21 bis 39 Schüler angeben, dass sie in der Klausur spicken, dann wird die Hypothese bestätigt und wir bleiben dabei.

σ-Regeln für **BINOMIAL**VERTEILUNGEN

Wenn die Laplace-Bedingung $\sigma > 3$ erfüllt ist, gelten die σ-Regeln:

$P(\mu - 1{,}64\sigma \le X \le \mu + 1{,}64\sigma) \approx 0{,}90$	$P(\mu - 1{,}64\sigma \le X) \approx 0{,}95$
	$P(X \le \mu + 1{,}64\sigma) \approx 0{,}95$
$P(\mu - 1{,}96\sigma \le X \le \mu + 1{,}96\sigma) \approx 0{,}95$	$P(\mu - 1{,}96\sigma \le X) \approx 0{,}975$
	$P(X \le \mu + 1{,}96\sigma) \approx 0{,}975$
$P(\mu - 2{,}58\sigma \le X \le \mu + 2{,}58\sigma) \approx 0{,}99$	$P(\mu - 2{,}58\sigma \le X) \approx 0{,}995$
	$P(X \le \mu + 2{,}58\sigma) \approx 0{,}995$

$P(\mu - 1\sigma \le X \le \mu + 1\sigma) \approx 0{,}683$	$P(\mu - 1\sigma \le X) \approx 0{,}841$
	$P(X \le \mu + 1\sigma) \approx 0{,}841$
$P(\mu - 2\sigma \le X \le \mu + 2\sigma) \approx 0{,}954$	$P(\mu - 2\sigma \le X) \approx 0{,}977$
	$P(X \le \mu + 2\sigma) \approx 0{,}977$
$P(\mu - 3\sigma \le X \le \mu + 3\sigma) \approx 0{,}997$	$P(\mu - 3\sigma \le X) \approx 0{,}999$
	$P(X \le \mu + 3\sigma) \approx 0{,}999$

Eine binomialverteilte Zufallsvariable X hat den Erwartungswert $\mu = n \cdot p$ und die Standardabweichung $\sigma = \sqrt{np(1-p)}$.

Kumulierte **BINOMIAL**VERTEILUNGEN für $n = 10$ und $n = 20$

$$F(n,p,k) = B(n,p,0) + \ldots + B(n,p,k) = \binom{n}{0} \cdot p^0 \cdot (1-p)^{n-0} + \ldots + \binom{n}{k} \cdot p^k \cdot (1-p)^{n-k}$$

						p						
n	*k*	0,02	0,05	0,08	0,1	0,15	0,2	0,25	0,3	0,5		*n*
10	0	0,8171	0,5987	0,4344	0,3487	0,1969	0,1074	0,0563	0,0282	0,0010	9	10
	1	0,9838	0,9139	0,8121	0,7361	0,5443	0,3758	0,2440	0,1493	0,0107	8	
	2	0,9991	0,9885	0,9599	0,9298	0,8202	0,6778	0,5256	0,3828	0,0547	7	
	3		0,9990	0,9942	0,9872	0,9500	0,8791	0,7759	0,6496	0,1719	6	
	4		0,9999	0,9994	0,9984	0,9901	0,9672	0,9219	0,8497	0,3770	5	
	5				0,9999	0,9986	0,9936	0,9803	0,9527	0,6230	4	
	6					0,9999	0,9991	0,9965	0,9894	0,8281	3	
	7						0,9999	0,9996	0,9984	0,9453	2	
	8								0,9999	0,9893	1	
	9	Nicht aufgeführte Werte sind (auf 4 Dez.) 1,000								0,9990	0	
20	0	0,6676	0,3585	0,1887	0,1216	0,0388	0,0115	0,0032	0,0008	0,0000	19	20
	1	0,9401	0,7358	0,5169	0,3917	0,1756	0,0692	0,0243	0,0076	0,0000	18	
	2	0,9929	0,9245	0,7879	0,6769	0,4049	0,2061	0,0913	0,0355	0,0002	17	
	3	0,9994	0,9841	0,9294	0,8670	0,6477	0,4114	0,2252	0,1071	0,0013	16	
	4		0,9974	0,9817	0,9568	0,8298	0,6296	0,4148	0,2375	0,0059	15	
	5		0,9997	0,9962	0,9887	0,9327	0,8042	0,6172	0,4164	0,0207	14	
	6			0,9994	0,9976	0,9781	0,9133	0,7858	0,6080	0,0577	13	
	7			0,9999	0,9996	0,9941	0,9679	0,8982	0,7723	0,1316	12	
	8				0,9999	0,9987	0,9900	0,9591	0,8867	0,2517	11	
	9					0,9998	0,9974	0,9861	0,9520	0,4119	10	
	10						0,9994	0,9961	0,9829	0,5881	9	
	11						0,9999	0,9991	0,9949	0,7483	8	
	12							0,9998	0,9987	0,8684	7	
	13								0,9997	0,9423	6	
	14									0,9793	5	
	15									0,9941	4	
	16	Nicht aufgeführte Werte sind (auf 4 Dez.) 1,000								0,9987	3	
	17									0,9998	2	
n		0,98	0,95	0,92	0,9	0,85	0,8	0,75	0,7	0,5	*k*	*n*
						p						

Bei grau unterlegtem Eingang, d.h. $p \geq 0{,}5$, gilt: $F(n,p,k) = 1 -$ abgelesener Wert.

Kumulierte **BINOMIAL**VERTEILUNGEN für $n = 100$

n	k	0,05	0,07	0,1	0,15	1/6	0,2	0,25	0,27	0,3	1/3	0,4		n
	0	0,0059	0,0007	0,0000	0,0000	0,0000	0,0000	0,0000	0,0000	0,0000	0,0000	0,0000	99	
	1	0,0371	0,0060	0,0003	0,0000	0,0000	0,0000	0,0000	0,0000	0,0000	0,0000	0,0000	98	
	2	0,1183	0,0258	0,0019	0,0000	0,0000	0,0000	0,0000	0,0000	0,0000	0,0000	0,0000	97	
	3	0,2578	0,0744	0,0078	0,0001	0,0000	0,0000	0,0000	0,0000	0,0000	0,0000	0,0000	96	
	4	0,4360	0,1632	0,0237	0,0004	0,0001	0,0000	0,0000	0,0000	0,0000	0,0000	0,0000	95	
	5	0,6160	0,2914	0,0576	0,0016	0,0004	0,0000	0,0000	0,0000	0,0000	0,0000	0,0000	94	
	6	0,7660	0,4443	0,1172	0,0047	0,0013	0,0001	0,0000	0,0000	0,0000	0,0000	0,0000	93	
	7	0,8720	0,5988	0,2061	0,0122	0,0038	0,0003	0,0000	0,0000	0,0000	0,0000	0,0000	92	
	8	0,9369	0,7340	0,3209	0,0275	0,0095	0,0009	0,0000	0,0000	0,0000	0,0000	0,0000	91	
	9	0,9718	0,8380	0,4513	0,0551	0,0213	0,0023	0,0000	0,0000	0,0000	0,0000	0,0000	90	
	10	0,9885	0,9092	0,5832	0,0994	0,0427	0,0057	0,0001	0,0000	0,0000	0,0000	0,0000	89	
	11	0,9957	0,9531	0,7030	0,1635	0,0777	0,0126	0,0004	0,0001	0,0000	0,0000	0,0000	88	
	12	0,9985	0,9776	0,8018	0,2473	0,1297	0,0253	0,0010	0,0002	0,0000	0,0000	0,0000	87	
	13	0,9995	0,9901	0,8761	0,3474	0,2000	0,0469	0,0025	0,0006	0,0001	0,0000	0,0000	86	
	14	0,9999	0,9959	0,9274	0,4572	0,2874	0,0804	0,0054	0,0014	0,0002	0,0000	0,0000	85	
	15		0,9984	0,9601	0,5683	0,3877	0,1285	0,0111	0,0033	0,0004	0,0000	0,0000	84	
	16		0,9994	0,9794	0,6725	0,4942	0,1923	0,0211	0,0068	0,0010	0,0001	0,0000	83	
	17		0,9998	0,9900	0,7633	0,5994	0,2712	0,0376	0,0133	0,0022	0,0002	0,0000	82	
	18		0,9999	0,9954	0,8372	0,6965	0,3621	0,0630	0,0243	0,0045	0,0005	0,0000	81	
	19			0,9980	0,8935	0,7803	0,4602	0,0995	0,0420	0,0089	0,0011	0,0000	80	
	20			0,9992	0,9337	0,8481	0,5595	0,1488	0,0684	0,0165	0,0024	0,0000	79	
	21			0,9997	0,9607	0,8998	0,6540	0,2114	0,1057	0,0288	0,0048	0,0000	78	
	22			0,9999	0,9779	0,9369	0,7389	0,2864	0,1552	0,0479	0,0091	0,0001	77	
	23				0,9881	0,9621	0,8109	0,3711	0,2172	0,0755	0,0164	0,0003	76	
	24				0,9939	0,9783	0,8686	0,4617	0,2909	0,1136	0,0281	0,0006	75	
	25				0,9970	0,9881	0,9125	0,5535	0,3737	0,1631	0,0458	0,0012	74	
	26				0,9986	0,9938	0,9442	0,6417	0,4620	0,2244	0,0715	0,0024	73	
	27				0,9994	0,9969	0,9658	0,7224	0,5516	0,2964	0,1066	0,0046	72	
	28				0,9997	0,9985	0,9800	0,7925	0,6379	0,3768	0,1524	0,0084	71	
	29				0,9999	0,9993	0,9888	0,8505	0,7172	0,4623	0,2093	0,0148	70	
100	30					0,9997	0,9939	0,8962	0,7866	0,5491	0,2766	0,0248	69	100
	31					0,9999	0,9969	0,9307	0,8446	0,6331	0,3525	0,0398	68	
	32						0,9984	0,9554	0,8909	0,7107	0,4344	0,0615	67	
	33						0,9993	0,9724	0,9261	0,7793	0,5188	0,0913	66	
	34						0,9997	0,9836	0,9518	0,8371	0,6019	0,1303	65	
	35						0,9999	0,9906	0,9697	0,8839	0,6803	0,1795	64	
	36						0,9999	0,9948	0,9817	0,9201	0,7511	0,2386	63	
	37							0,9973	0,9893	0,9470	0,8123	0,3068	62	
	38							0,9986	0,9940	0,9660	0,8630	0,3822	61	
	39							0,9993	0,9968	0,9790	0,9034	0,4621	60	
	40							0,9997	0,9983	0,9875	0,9341	0,5433	59	
	41							0,9999	0,9992	0,9928	0,9566	0,6225	58	
	42							0,9999	0,9996	0,9960	0,9724	0,6967	57	
	43								0,9998	0,9979	0,9831	0,7635	56	
	44								0,9999	0,9989	0,9900	0,8211	55	
	45									0,9995	0,9943	0,8689	54	
	46									0,9997	0,9969	0,9070	53	
	47									0,9999	0,9983	0,9362	52	
	48									0,9999	0,9991	0,9577	51	
	49										0,9996	0,9729	50	
	50										0,9998	0,9832	49	
	51										0,9999	0,9900	48	
	52											0,9942	47	
	53											0,9968	46	
	54											0,9983	45	
	55											0,9991	44	
	56											0,9996	43	
	57											0,9998	42	
	58											0,9999	41	
n		0,95	0,93	0,9	0,85	5/6	0,8	0,75	0,73	0,7	2/3	0,6	k	n

Nicht aufgeführte Werte sind (auf 4 Dez.) 1,000

NORMALVERTEILUNG

Merke: $\phi(z) = 0,....$ und $\phi(-z) = 1 - \phi(z)$

Beispiel: $\phi(2,32) = 0,9898$ oder $\phi(-0,9) = 1 - \phi(0,9) = 0,1841$

z	0	1	2	3	4	5	6	7	8	9
0,0	5000	5040	5080	5120	5160	5199	5239	5279	5319	5359
0,1	5398	5438	5478	5517	5557	5596	5636	5675	5714	5753
0,2	5793	5832	5871	5910	5948	5987	6026	6064	6103	6141
0,3	6179	6217	6255	6293	6331	6368	6406	6443	6480	6517
0,4	6554	6591	6628	6664	6700	6736	6772	6808	6844	6879
0,5	6915	6950	6985	7019	7054	7088	7123	7157	7190	7224
0,6	7257	7291	7324	7357	7389	7422	7454	7486	7517	7549
0,7	7580	7611	7642	7673	7704	7734	7764	7794	7823	7852
0,8	7881	7910	7939	7967	7995	8023	8051	8078	8106	8133
0,9	8159	8186	8212	8238	8264	8289	8315	8340	8365	8389
1,0	8413	8438	8461	8485	8508	8531	8554	8577	8599	8621
1,1	8643	8665	8686	8708	8729	8749	8770	8790	8810	8830
1,2	8849	8869	8888	8907	8925	8944	8962	8980	8997	9015
1,3	9032	9049	9066	9082	9099	9115	9131	9147	9162	9177
1,4	9192	9207	9222	9236	9251	9265	9279	9292	9306	9319
1,5	9332	9345	9357	9370	9382	9394	9406	9418	9429	9441
1,6	9452	9463	9474	9484	9495	9505	9515	9525	9535	9545
1,7	9554	9564	9573	9582	9591	9599	9608	9616	9625	9633
1,8	9641	9649	9656	9664	9671	9678	9686	9693	9699	9706
1,9	9713	9719	9726	9732	9738	9744	9750	9756	9761	9767
2,0	9772	9778	9783	9788	9793	9798	9803	9808	9812	9817
2,1	9821	9826	9830	9834	9838	9842	9846	9850	9854	9857
2,2	9861	9864	9868	9871	9875	9878	9881	9884	9887	9890
2,3	9893	9896	9898	9901	9904	9906	9909	9911	9913	9916
2,4	9918	9920	9922	9925	9927	9929	9931	9932	9934	9936
2,5	9938	9940	9941	9943	9945	9946	9948	9949	9951	9952
2,6	9953	9955	9956	9957	9959	9960	9961	9962	9963	9964
2,7	9965	9966	9967	9968	9969	9970	9971	9972	9973	9974
2,8	9974	9975	9976	9977	9977	9978	9979	9979	9980	9981
2,9	9981	9982	9982	9983	9984	9984	9985	9985	9986	9986
3,0	9987	9987	9987	9988	9988	9989	9989	9989	9990	9990
3,1	9990	9991	9991	9991	9992	9992	9992	9992	9993	9993
3,2	9993	9993	9994	9994	9994	9994	9994	9995	9995	9995
3,3	9995	9995	9995	9996	9996	9996	9996	9996	9996	9997
3,4	9997	9997	9997	9997	9997	9997	9997	9997	9997	9998
3,5	9998	9998	9998	9998	9998	9998	9998	9998	9998	9998
3,6	9998	9998	9999	9999	9999	9999	9999	9999	9999	9999
3,7	9999	9999	9999	9999	9999	9999	9999	9999	9999	9999
3,8	9999	9999	9999	9999	9999	9999	9999	9999	9999	9999

Notizen

Notizen

Notizen

KOMM MIT DEINEN FREUNDEN
ZUM KURS UND VERDIENE GELD
freunde.studyhelp.de
ONLINE MATHE LERNEN
ERKLÄRUNGEN | AUFGABEN | VIDEOS
www.studyhelp.de/mathe
9:41 AM
100%
LGS lösen mit Einsetzungsverfahren
Vorgehen:
1. Auflösen einer Gleichung nach einer Variablen.
2. Einsetzen des für diese Variable berechneten Terms in die andere Gleichung.
3. Auflösen der so entstandenen Gleichung nach der enthaltenen Variablen.
4. Einsetzen der Lösung in die Gleichung, die im 1. Schritt berechnet wurde, mit anschließender Berechnung der Variablen.
Beispiel für ein quadratisches Gleichungssystem mit 2 Gleichungen und 2 Unbekannten:
I $2x_1 + 3x_2 = 12$
II $x_1 - x_2 = 1$
Gleichung II nach x_1 umformen:
$x_1 = x_2 + 1$
nun x_1 in Gleichung I einsetzen und nach der enthaltenden Unbekannten auflösen
$2(x_2 + 1) + 3x_2 = 12$ | zusammenfassen
$5x_2 + 2 = 12$ | -2
$5x_2 = 10$ | $:5$
$x_2 = 2$
Die Lösung $x_2 = 2$ in die umgeformte Gleichung $x_1 = x_2 + 1$ aus dem ersten Schritt einsetzen und so die andere Variable berechnen. Es folgt $x_1 = x_2 + 1 = 2 + 1 = 3$.
Schau dir zur Vertiefung Daniels Lernvideos zum Thema LGS lösen mit „Einsetzungsverfahren" an.
Einsetzungsverfahren, langsame Version, Teil 1, Gleichungssystem lösen | Mathe by Daniel Jung
Einsetzungsverfahren